4. Fachtagung

Hybridantriebe für mobile Arbeitsmaschinen

20. Februar 2013, Karlsruhe

Herausgegeben von

Lehrstuhl für Mobile Arbeitsmaschinen (Mobima)
    Prof. Dr.-Ing. Marcus Geimer
Verband Deutscher Maschinen- und Anlagenbau (VDMA)
    Dipl.-Ing. Peter-Michael Synek

Karlsruher Schriftenreihe Fahrzeugsystemtechnik
Band 15

Herausgeber

FAST Institut für Fahrzeugsystemtechnik
Prof. Dr. rer. nat. Frank Gauterin
Prof. Dr.-Ing. Marcus Geimer
Prof. Dr.-Ing. Peter Gratzfeld
Prof. Dr.-Ing. Frank Henning

Das Institut für Fahrzeugsystemtechnik besteht aus den
eigenständigen Lehrstühlen für Bahnsystemtechnik, Fahrzeug-
technik, Leichtbautechnologie und Mobile Arbeitsmaschinen

Eine Übersicht über alle bisher in dieser Schriftenreihe erschienenen
Bände finden Sie am Ende des Buchs.

Hybridantriebe für mobile Arbeitsmaschinen

4. Fachtagung
20. Februar 2013, Karlsruhe

Herausgegeben von
Lehrstuhl für Mobile Arbeitsmaschinen (Mobima)
        Prof. Dr.-Ing. Marcus Geimer
Verband Deutscher Maschinen- und Anlagenbau (VDMA)
        Dipl.-Ing. Peter-Michael Synek

Impressum

Karlsruher Institut für Technologie (KIT)
KIT Scientific Publishing
Straße am Forum 2
D-76131 Karlsruhe
www.ksp.kit.edu

KIT – Universität des Landes Baden-Württemberg und
nationales Forschungszentrum in der Helmholtz-Gemeinschaft

KIT Scientific Publishing 2013
Print on Demand

ISSN 1859-6058
ISBN 978-3-86644-970-1

Vorwort

Eine Idee etabliert sich!

Meine sehr geehrten Damen und Herren,
nachdem ich vor nunmehr fast acht Jahren auf den Stiftungslehrstuhl für Mobile Arbeitsmaschinen (Mobima) am heutigen Karlsruher Institut für Technologie KIT berufen wurde, stellte mir Herr Rauen vom VDMA im Sommer 2006, also in meinem ersten Arbeitsjahr dort, die Frage: „Herr Professor Geimer, gibt es eigentlich eine Tagung im Bereich der Hybridantriebe für mobile Arbeitsmaschinen?" „Mir ist nichts dergleichen bekannt.", war meine Antwort. Mit der Bemerkung, „Na, dann stellen Sie mal eine solche auf die Beine.", war die Fachtagung Hybridantriebe für mobile Arbeitsmaschinen geboren.

Inzwischen findet die 4. Fachtagung statt, die sich heute als anerkanntes Forum im Bereich der mobilen Arbeitsmaschinen etabliert hat. Standen zu Beginn der Tagung im Jahre 2007 Konzepte und Ideen im Fokus, so wird auf dieser Tagung über erfolgreich eingesetzte Prototypen und Auslegungswerkzeuge für hybride Maschinen berichtet.

Im aktuellen Tagungsband finden Sie Forschungsergebnisse zur Systemauslegung und Betriebsstrategie mobiler Arbeitsmaschinen sowie Potentialabschätzungen von Maschinen. Beiträge zur Simulation und Modellbildung zeigen den aktuellen Stand der Berechnungstools und neue elektrische Antriebslösungen werden vorgestellt. Der Tagungsband schließt mit Erfahrungen aus der Praxis ab.

Man kann also durchaus behaupten, dass sich Hybridtechnologien heute als Stand der Technik im Markt etablieren. Damit eröffnet sich die Frage: Wie geht es weiter? Muss die Tagung für weitere Inhalte aus dem Bereich der Antriebstechnik geöffnet werden? In welchem Wettbewerb steht sie dann? Oder sollte die Tagung weiter auf Hybridantriebe fokussiert bleiben und sich dann ausgewählten, spezifischen Themenbereichen widmen? Gerne würde ich mit Ihnen auf der Hybridtagung darüber diskutieren.

In diesem Sinne freue ich mich auf eine interessante Tagung mit vielen Fachbeiträgen und offenen Diskussionen. Lassen Sie uns neugierig und offen für Neues bleiben!

Karlsruhe,
im Februar 2013

Prof. Dr.-Ing. Marcus Geimer
Karlsruher Institut für Technologie (KIT)

Inhaltsverzeichnis

Systemauslegung und Betriebsstrategien

Potenzialabschätzung

Simulation und Modellbildung

Simulation und Modellbildung

Praxiserfahrungen

Nachtrag zu Simulation und Modellbildung

Untersuchung von Betriebsstrategien für einen elektrisch hybridisierten Traktor mittels einer multiphysikalischen Gesamtfahrzeugsimulation

Dipl.-Ing. Daniel Engelsmann, Prof. Dr.-Ing. Georg Wachtmeister

Lehrstuhl für Verbrennungskraftmaschinen, TU München,

Schragenhofstraße 31, 80992 München, Deutschland,

E-Mail: engelsmann@lvk.mw.tum.de, Telefon: +49 (0)89 289-24101

Kurzfassung

In dieser Veröffentlichung werden die Einsparpotentiale hinsichtlich Verbrauch und Emissionen eines elektrifizierten, parallel-hybriden Traktors mit Hilfe eines Gesamtfahrzeugmodells untersucht. Dabei werden Betriebsstrategien eines Hybrid-antriebs für Feld-, Transport- und Frontladerarbeiten simuliert, und die Ergebnisse mit dem konventionellen Antrieb verglichen.

Stichworte

Traktor, Schlepper, Off-Road, parallel-hybrid, Energiemanagement, Ladestrategie, Transportzyklus, Li-Ion Batterie, Elektrifizierung, Antriebsstrang, Dymola / Modelica, Gesamtfahrzeugsimulation, 1D-Simulation.

1   Einführung und Motivation

Die Nahrungsmittelproduktion der steigenden Weltbevölkerung ist stark abhängig von der energieintensiven Landwirtschaft. In der Lebensmittel-erzeugung spielen Traktoren eine zentrale Rolle. Durch die absehbare Er-schöpfung fossiler Brennstoffe, werden die Betriebskosten und indirekt auch die Nahrungsmittelkosten für die Bevölkerung steigen. Daher besteht die

Motivation die Effizienz von Traktoren zu steigern, und dabei gleichzeitig die Umweltbelastungen auf ein Minimum zu reduzieren.

Das vom BMWi geförderte Forschungsprojekt, "Einsatz von Lithium-Ionen-Batterien in Off-Road Nutzfahrzeugen zur Effektivitäts- und Autarkiesteigerung (LiB-Off-Road)" ermöglichte dem Lehrstuhl für Verbrennungskraftmaschinen (LVK) der Technischen Universität München, Potentiale von Hybridstrategien mittels der Simulation für einen elektrisch parallel-hybridisierten Traktor zu untersuchen und den angesetzten Zielen effizienter Traktoren näher zu kommen.

2 Traktormodell

Im Rahmen des Projekts wurde ein Gesamtfahrzeugmodell in der multiphysikalischen Simulationsumgebung Dymola / Modelica erstellt. Die Parametrisierung basiert auf der 7530 E Premium Baureihe eines John Deere Traktors [5] und wurde zu einem vollständigen elektrischen Parallel-Hybrid-Traktor erweitert. Die untere Abbildung stellt den Aufbau des Fahrzeugmodells dar.

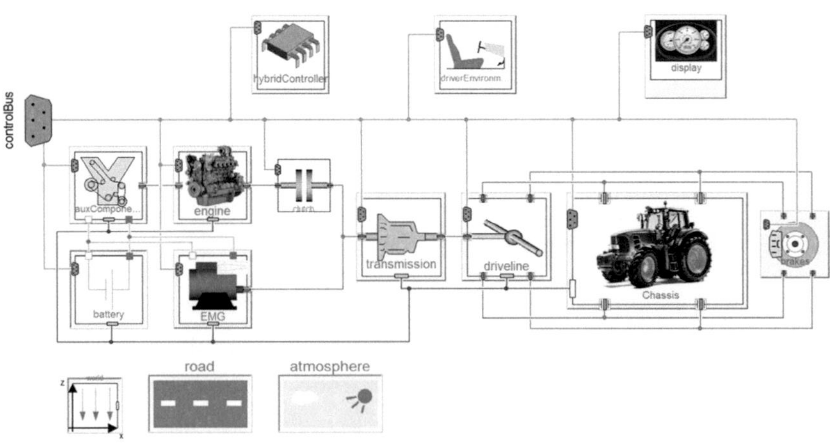

Abb. 1: Übersicht des parallel-hybriden Traktormodels

Die weiteren Abschnitte des Kapitels beschreiben die wichtigsten Bestandteile des oben abgebildeten Gesamtfahrzeugmodels.

2.1 Verbrennungsmotormodell

Das Verbrennungsmotormodell basiert auf dem im John Deere 7530 E Premium verbauten Sechszylinder-Dieselmotor mit VTG Turbolader abgestimmt. Die im Modell hinterlegten stationären Kennfelder stammen aus eigenen Rastermessungen am LVK Motorprüfstand. Dazu zählen der spezifische Kraftstoffverbrauch, die maximale Drehmomentkurve, Schleppmoment AGR-Raten, Abgastemperaturen, Luftmassenstrom, sowie NO_x, CO-, HC- und Rußemissionen.

Das quasi-stationäre Motormodell beinhaltet Korrekturfunktionen für eine transiente Motordynamik, die mit hochtransienten Lastzyklen am Motorprüfstand kalibriert worden sind [2], [3]. Diese basieren zum Teil auf physikalischen Gegebenheiten, wie einem verzögerten Ladeluftdruckanstieg durch die Turboladerträgheit im transienten Betrieb.

Anhand der Erkenntnisse aus den Prüfstandsversuchen des Sechszylinder-Dieselmotors und den handelsüblichen Spezifikationen der Vierzylinder-Dieselmotorbaureihe von John Deere, wurde ein Vierzylinder-Motormodell abgebildet, um Rightsizing-Potentiale in Lastzyklen zu untersuchen.

2.2 Elektromotor / Generator Modell

Das Elektromotor / Generator Modell (EMG) ist ebenfalls ein quasi-stationäres Modell, in dem ein normiertes Stationärkennfeld hinterlegt ist. Die EMG-Größen wie Nennleistung, Eckdrehzahl und maximales Drehmoment können entsprechend skaliert werden. Ebenfalls kann die EMG für unterschiedliche Fahrzyklen oder Hybridkonfigurationen dimensioniert werden.

Der Referenztraktor ist handelsüblich mit einem 20 kW Asynchronmotor (ASM) ausgestattet. ASM können kurzzeitig überlastet werden und bis das Vierfache ihrer Nennleistung bereitstellen. Der dadurch erhöhte Stromfluss verursacht in den Windungen eine starke Erwärmung, die wiederum zu hohen Effizienzverlusten führt. Der Vorteil der Überlastbarkeit einer ASM kann jedoch genutzt werden, um kurzfristige Spitzenleistungen abzudecken, ohne eine leistungsstärkere EMG einbauen zu müssen.

Um den Vorteil der Überlastfunktion genauer beurteilen zu können, wurde das EMG-Modell mit einem thermischen Modell ergänzt. Ein Thermomanagement überwacht das Temperaturniveau. Beim Erreichen der maximal erlaubten Temperatur (T_{max}) wird die Überlastfunktion deaktiviert, bis im EMG auf das sichere Referenztemperaturniveau (T_{ref}) abgekühlt ist. Siehe Abb. 2.

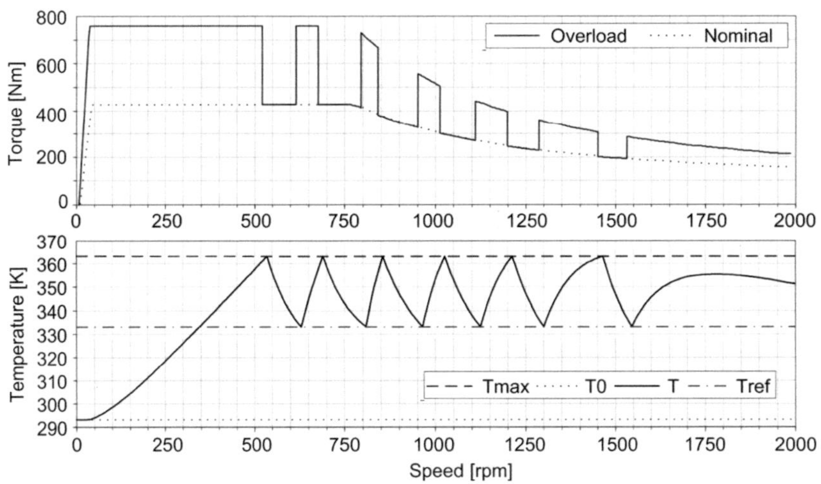

Abb. 2 EMG mit Überlastfunktion und Temperaturmanagement

Die Berechnung des EMG-Wirkungsgrades bei Überlast ist gekoppelt mit dem Anstieg der Betriebstemperatur. Folglich werden für kurzfristige Überlastzeiten Wirkungsgrade angesetzt, die der Realität bessere entsprechen. Die Spitzenleistung kann jedoch durch die Spezifikationen der Batterie eingegrenzt sein.

2.3　Batteriemodell

Das Batteriemodell wurde mit Hilfe vom Zentrum für Sonnenenergie- und Wasserstoff-Forschung (ZSW) entwickelt. Am ZSW wurden umfangreiche Batterietests durchgeführt und die Prüfstandsergebnisse der HEI 40 High Energy Cell von Li-Tec [6] für die Kalibrierung ihres in Matlab bestehenden Batteriemodells verwendet. Das Einbetten des Dymola-Gesamtfahrzeug-modells mittels einer S-Function in Matlab Simulink führte aufgrund von Solverunterschiede zu Stabilitätsproblemen und Laufzeiteinbußen.

Eine in Dymola abstrahierte Version des ZSW-Batteriemodells erzielte bessere Ergebnisse. Das Model bildet ein RC-Glied, thermische Kapazitäten und die Kühlleistung ab. Die thermischen Verluste werden über Innenwider-stände abgebildet, wobei die Ruhespannung abhängig vom Ladezustand ist. Das Ergebnis nach abschließender Kalibrierung mit dem ZSW Batterie-modell ist in Abb. 3 abgebildet.

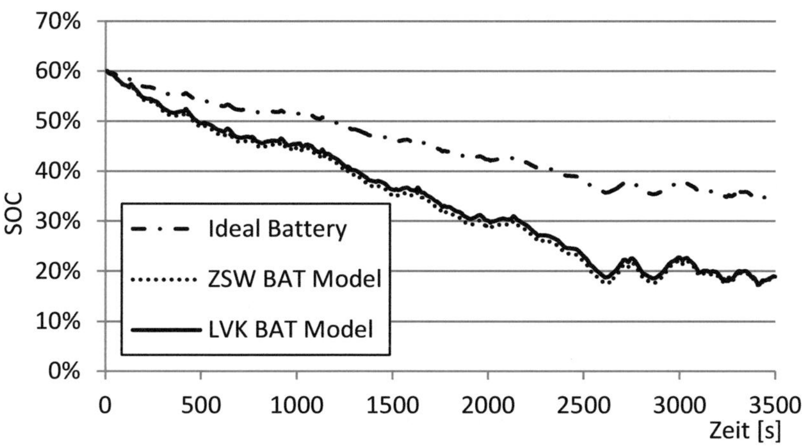

Abb. 3 Batterie SOC Ergebnisse im Vergleich

2.4 Hybridsteuerungseinheit

In der Hybridsteuerungseinheit (HCU) wird das parallele Antriebsystem überwacht. Eine Übersicht über alle Ein- und Ausgangssignale, die über den Control-Bus verlaufen, stellt Abb. 4 dar.

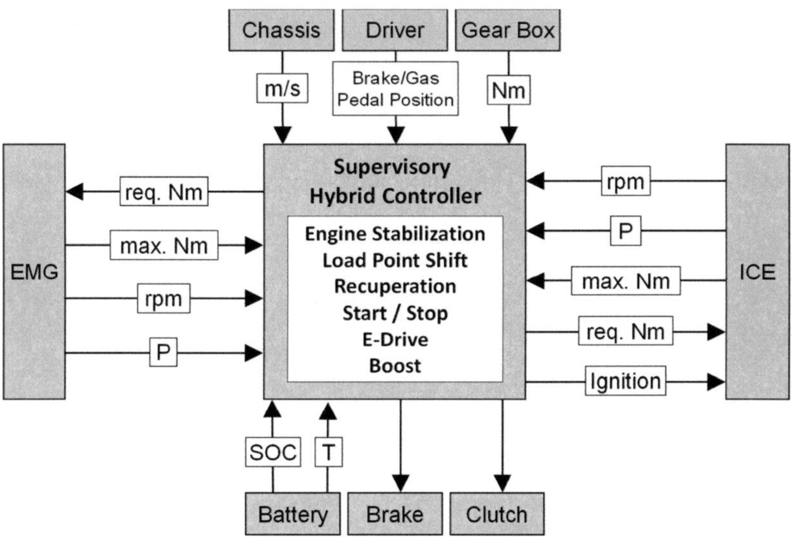

Abb. 4 Übersicht der Hybridsteuerungseinheit

2.4.1 Hybrid-Modi

Die in Abb. 4 erfassten Signalflüsse und Zustandserkennung ermöglicht der HCU, neben der genauen Bestimmung des aktuellen Fahrzustandes, auch die Auswahl des geeignetsten Hybridmodus (s. Abb. 4). Beim Fahrzeugstillstand zum Beispiel wird abhängig vom Batterieladezustand und der aktuellen Bordnetzleistungsanforderung der „Start / Stopp" Modus aktiviert. Der Komplexitätsgrad der hinterlegten Funktionen variiert stark für jeden Hybrid-Modus. Als Beispiel wird im nächsten Abschnitt die wirkungsgradoptimierte Ladestrategie im Modus „Lastpunktverschiebung" beschrieben.

2.4.2 Dynamische, Effizienzoptimierte Ladestrategie

Die „Dynamische, Effizienzoptimierte Ladestrategie" (DEOCS) ist eine Weiterentwicklung der wirkungsgradoptimierten Ladestrategie von Fleckner [4]. Unabhängig von der Hybridkonfiguration wird die optimale Lastpunktverschiebung zu jedem Motorbetriebspunkt ermittelt. Dabei werden die dynamisch berechneten Wirkungsgrade der beschriebenen Batterie- und EMG-Modellen berücksichtigt, und das Laden der Batterie wird mit hohem elektrischem Wirkungsgrad ermöglicht.

2.4.3 Phlegmatisierung

Ein transienter Motorbetrieb mit hohen Drehmomentschwankungen hat dadurch eine suboptimale Verbrennung und erhöhte Emissionen zur Folge. Wenn der Modus „Phlegmatisierung" aktiviert ist, kann die mit dem Verbrennungsmotor drehzahlgekoppelte EMG die Motordrehmomentanforderung stabilisieren, Den Einfluss des Hybridantriebs zur Reduzierung der transienten Drehmomentanforderung des Verbrennungsmotors wurde am transienten Motorprüfstand des LVK näher untersucht. Bei konstanter Motordrehzahl von 1600 U/min erfolgten unterschiedliche Lastsprung-messungen. Untersucht wurden sprunghafte Drehmomentanforderungen von 500 Nm/s bis zu moderaten 83 Nm/s und deren Einfluss auf die Emissionen. Ein Ausschnitt der Ergebnisse ist in Abb. 5 dargestellt.

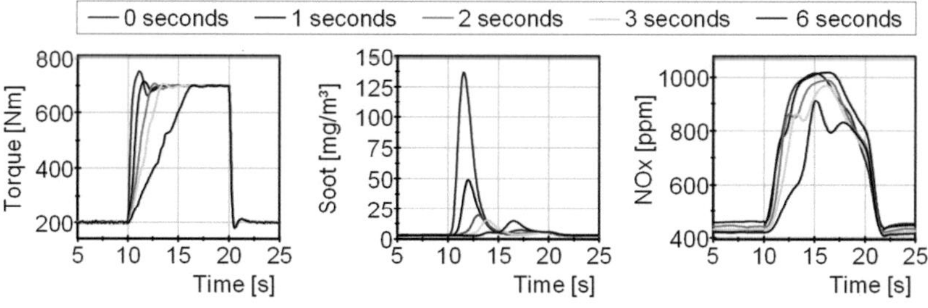

Abb. 5 Lastsprungmessungen am Motorprüfstand

3 Arbeitszyklen

Der Einsatzbereich eines Traktors ist sehr vielseitig und kann nicht mit einem einzigen Arbeitszyklus beschrieben werden, da Feld-, Transport- und Frontladerarbeiten zu unterschiedliche Drehmomentanforderungen haben. Aus diesem Grund wurden die folgenden drei Arbeitszyklen für die Simulationen verwendet.

Der DLG PowerMix Zyklus [1] deckt diverse Feldarbeiten ab. Ein standardisierter Feld-zu-Hof-Transportzyklus ist jedoch bis heute nicht vorhanden. Aus diesem Grund wurden eigens drei Varianten (Kurz-, Mittel-, Langstrecke [K, M, L]) eines „On- & Off-Road Transport Cycle" (OOTC) erstellt. Genauere Details über die zeitlich vorgegebene Geschwindigkeit, Anhängerzuladung und Höhenprofil in Abb. 6 abgebildet. Die Frontladerarbeiten sind mit dem anerkannten Y-Zyklus für Radlader abgedeckt.

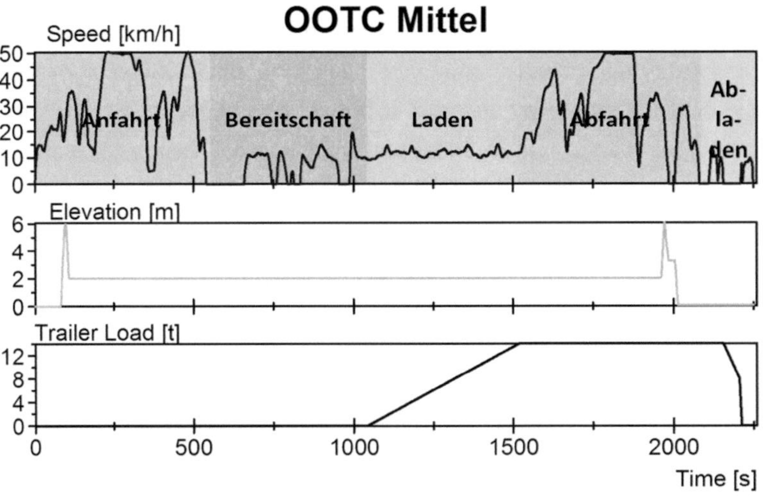

Abb. 6 OOTC Mittelstrecke bei der Grünroggenernte

Zusätzlich wurde das Potential des „Start / Stopp" Modus mit elektrifizierten Nebenaggregaten analysiert, in dem über 3600 s bei Fahrzeugstillstand 5 kW konstanter Bordnetzlast gefordert wird (Abb. 7).

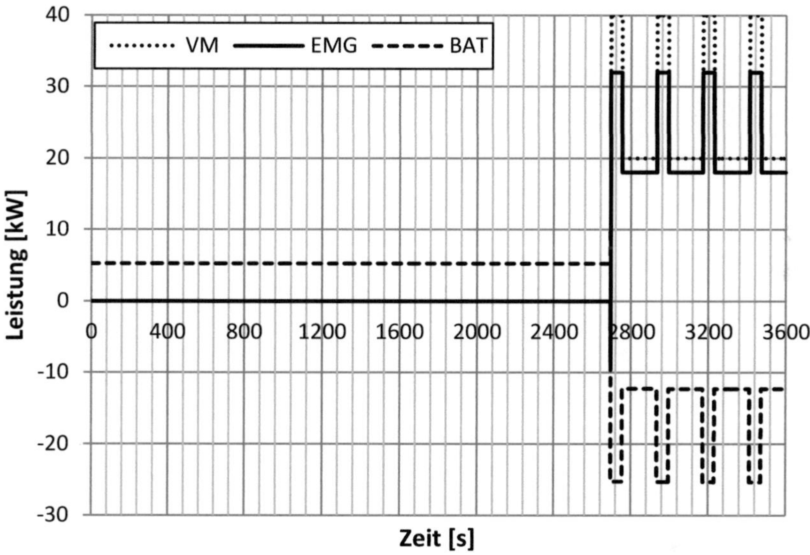

Abb. 7 Start / Stopp bei FZG-Stillstandszeit & 5kW elek. Nebenaggregatelast

4 Simulationsergebnisse

Die angegebenen Arbeitszyklen wurden mit dem beschriebenen Traktor-modell unter gleichen Randbedingungen simuliert. Die hybride Betriebsstrategie blieb für alle Arbeitszyklen gleich, sowie auch die Ladekapazität der Batterie und die 20 kW ASM mit zweifacher Überlastbarkeit. Die Abweichung des Anfangs- und Endladezustandes der Batterie betrug bei jeder Simulation maximal 1 %. Speziell für die OOTCs wurde zusätzlich der Einfluss des Rightsizing mit einem Vierzylinder Verbrennungsmotors (R4) untersucht. In Abb. 8 sind die Verbrauchseinsparpotentiale des elektrisch parallel-hybriden Traktormodells im Vergleich zum konventionellen Sechs-zylinderantrieb dargestellt.

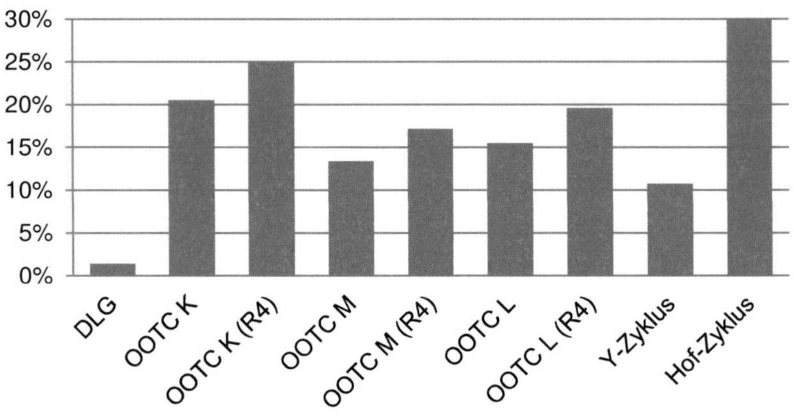

Abb. 8 Verbrauchseinsparpotentiale eines Hybridtraktors

Die hohe Verbrauchsersparnis von ca. 30 % beim Hof-Zyklus ergibt sich aus dem schlechten Wirkungsgrad des VM bei geringer Leistungsanforderung. Im Y-Zyklus ergibt sich ein Verbrauchsvorteil von ca. 11 %. Aufgrund der zusätzlich benötigten hydraulischen Leistung, des hohen Rollwiderstands und der Spitzlastabdeckung kommen die hybriden Vorteile nicht stark hervor.

Das elektrisches Anfahren bei geringen Lasten und geringem Gesamtge-wicht sowie die Rekuperationsmöglichkeiten im Transportzyklus zeigen deutliche Verbrauchseinsparungen. Das Rightsizing der Motorgröße, an einem vorher bekannten Transportzyklus, kann zusätzlich 5 % einholen.

Der Feldarbeitszyklus DLG-PowerMix zeigt das geringste Verbrauchs-potential. Hier sind hauptsächlich nur die Modi Phlegmatisierung und Last-punktverschiebung aktiviert, da durchgehend eine hohe Leistungsanforderung besteht. Die simulierten Rußemissionen wurden jedoch allein durch die Phlegmatisierungsstrategie um 54% reduziert.

Literaturverzeichnis

[1] Degrell, O. and Feuerstein, T (2005). DLG-PowerMix. [Online] 31 10 2005. [Cited: 10 09 2012.] www.dlg-test.de/powermix/PowerMix_Teil_II.pdf

[2] Engelsmann, Daniel. 2012. Energy Management Strategies for a Parallel Electric Hybrid Tractor, 7th MTZ Conference Heavy-Duty-, On- and Off-Highway-Engines

[3] Ericson, Claes and Westerberg, Björn (2005). Transient Emission Predictions with Quasi Stationary Models. SAE Paper, 2005.

[4] Fleckner, Marco (2010). Strategien zur Reduzierung des Kraftstoffverbrauchs für ein Vollhybridfahrzeug. Aachen : ika RWTH, 2010.

[5] John Deere. 2009. www.deere.com. [Online] 05. 09 2009. [Zitat vom: 23. 09 2012.] http://www.deere.com/region_ii/media/application/equipment/agriculture/tractors/7030_premium/brochure_7030_premium_de.pdf

[6] li-Tec. 2008. http://www.li-tec.de. [Online] 16. 04 2008. [Zitat vom: 24. 09 2012.] http://www.products4engineers.nl/resources/upload/KGaxYt-BE88-%282%29.pdf

Auslegungsmethodik für energieeffiziente Antriebsstränge in industriell eingesetzten Schwerlastfahrzeugen

Dipl.-Wirt.-Ing Till Erik Uhrner, Dipl.-Ing. Claus Schulte-Cörne, Univ.-Prof. Dr.-Ing. Lutz Eckstein

Institut für Kraftfahrzeuge, RWTH Aachen University, 52074 Aachen, Telefon: +49(0)241/8025677, E-Mail: Till.Uhrner@ika.rwth-aachen.de

Kurzfassung

Für Schwerlastfahrzeuge wurde ei n Systembaukasten entwickelt, der die Hybridisierung des Antriebsstrangs mit standardisierten Komponenten erlaubt. Die Auslegung des Hybridantriebstrangs und die Abstimmung der Betriebsstrategie auf den betrachteten Fahrzeugtyp erfolgt dabei durch modular aufgebaute Simulationsmodelle nach einer vorgegebenen Methodik. Die durch den Hybridantrieb möglichen Effizienzsteigerungspotentiale können mit Hilfe der Simulation fahrzeugspezifisch bestimmt werden. Ein Automated Guided Vehicle (AGV) wurde mit einem Hybridantriebstrang aus dem Systembaukasten ausgestattet und das Simulationsmodell damit validiert. Sowohl im Realbetrieb als auch in der Simulation konnten nennenswerte Verbrauchseinsparungen durch die Verwendung eines Hybridantriebs nachgewiesen werden.

Stichworte

Hybridantrieb, Systembaukasten, Auslegungsmethodik, Simulation, Energieeffizienz

1 Einleitung

Das Institut für Kraftfahrzeuge (ika) der RWTH Aachen University beteiligte sich zusammen mit der Gottwald Port Technology GmbH und der REFU Elektronik GmbH an einem durch das BMBF geförderten Verbundprojekt zur Erforschung energieeffizienter Antriebe im Schwerlastbereich.

Bei der Entwicklung mobiler Arbeitsmaschinen sind wie bei der Entwicklung von Personenkraftwagen oder Nutzfahrzeugen verschiedene legislative, ökonomische und ökologische Randbedingungen zu berücksichtigen. Die sich daraus ergebenden Anforderungen wie die Einhaltung von CO_2-Grenzwerten, die Verringerung von Betriebskosten und die allgemeine Umweltverträglichkeit führen zu einem zentralen Entwicklungsziel: Der Reduktion des Kraftstoffverbrauchs, vgl. Abb. 1.

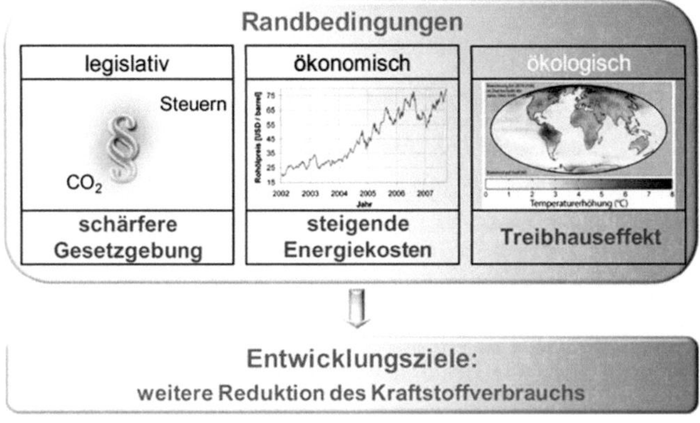

Abb. 1: Randbedingungen bei der Entwicklung mobiler Arbeitsmaschinen

Im Bereich der mobilen Arbeitsmaschinen ist die Hybridisierung des Antriebstrangs ein geeigneter Ansatz zur Erreichung dieses Ziels. Dabei eignen sich insbesondere industriell eingesetzte Schwerlastfahrzeuge für eine Hybridisierung, da sie eine hohe Dynamik in ihren Fahr- und Lastprofilen aufweisen und somit der Anteil der rekuperierbaren Energie vergleichsweise hoch ist. Durch die hohe Anzahl an Betriebsstunden bei diesen Fahrzeugen kann absolut ebenfalls eine nennenswerte Energiemenge eingespart werden. [1]

Ein serieller Hybridantrieb ermöglicht den phlegmatisierten Betrieb des Verbrennungsmotors, d. h. die Betriebspunkte des Motors werden in Bereiche besseren Wirkungsgrads verschoben. Leistungsspitzen sowie die Antriebsdynamik werden durch den elektrischen Energiespeicher und die Antriebsmotoren abgedeckt. Eine Elektrifizierung der in konventionellen

Antriebssträngen in der Regel durch den Verbrennungsmotor angetriebenen Nebenaggregate ermöglicht beim Hybridantrieb zudem einen Start-Stopp-Betrieb des Verbrennungsmotors und eine effiziente und bedarfsgerechte Betriebsweise. [2]

Hersteller von industriell eingesetzten Schwerlastfahrzeugen haben oft eine Vielzahl unterschiedlicher Fahrzeugtypen im Programm, die zum Teil jedoch nur in geringen Stückzahlen verkauft werden. Die Entwicklung von Hybridantriebssträngen für jeden Fahrzeugtyp ist daher selten wirtschaftlich. Ein Ansatz, die Entwicklungskosten zu senken, ist ein Systembaukasten für hybridisierte Schwerlastantriebsstränge in Verbindung mit einer simulations-gestützten Auslegungsmethodik, die im Folgenden vorgestellt werden.

2   Übersicht Baukastenstruktur

Der Baukasten umfasst eine Reihe von standardisierten Komponenten, die für jeden Fahrzeugtyp zu einem geeigneten Hybridantriebstrang zusammenge-stellt werden können. Die Systemauslegung erfolgt dabei nach einer im Rahmen des Verbundprojektes entwickelten Methodik mit Hilfe von Simula-tionsmodellen. Sie umfasst die Konfiguration und Dimensionierung der Antriebskomponenten sowie die Festlegung der Betriebsstrategie. Ausgangs-punkt der Systemauslegung bilden zunächst die spezifischen Fahrzeugpara-meter wie Anzahl der angetriebenen Achsen, Beschaffenheit des Hydraulik-systems sowie Art und Anzahl sonstiger Nebenaggregate. Durch Kombination der standardisierten Komponenten ergeben sich verschiedene Hybridantriebstrangkonfigurationen für das auszulegende Fahrzeug. Die standardisierten Komponenten des Systembaukastens umfassen dabei:

- Die in verschiedenen Leistungsklassen verfügbare Verbrennungsmo-tor-Generatoreinheit
- Die in verschiedenen Leistungsklassen verfügbaren AC-DC-Wandler
- Die in verschiedenen Leistungsklassen verfügbaren Fahrmotoren
- Die in verschiedenen Leistungsklassen verfügbare elektromotorisch betriebene Hydraulikpumpe

- Der in verschiedenen Leistungsklassen verfügbare Hochvolt-Energiespeicher inklusive DC-DC-Wandler

Abb. 2 zeigt am Beispiel eines Automated Guided Vehicles (AGV) eine der möglichen Antriebstrangkonfiguration.

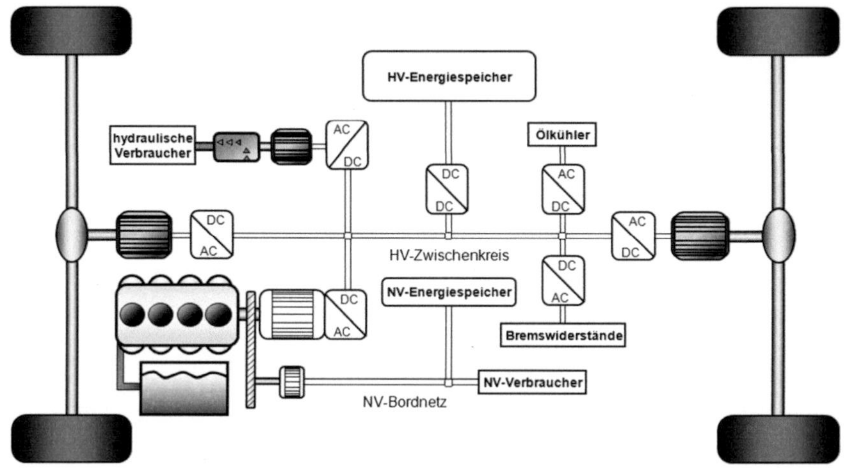

Abb. 2: Beispiel einer Hybridantriebstrangkonfiguration für ein AGV

Simulationsseitig sind die Antriebstrangkomponenten in der Entwicklungsumgebung Matlab/Simulink in Form von jeweils eigenständigen Modulen aufgebaut, welche die einzelnen Komponenten in ihrer physikalischen Wirkung abbilden. Sie verfügen über definierte Schnittstellen und lassen sich entsprechend der gewählten Konfiguration zu einem Gesamtmodell zusammenstellen, das den vollständigen Antriebstrang des Fahrzeugs umfasst. Die Module für die standardisierten Komponenten des Systembaukastens sind dabei skalierbar implementiert, was bei der Systemauslegung die Variation der Leistungsklassen durch eine entsprechende Parametrierung des Simulationsmodells ermöglicht, ohne die Module und damit das Gesamtmodell verändern zu müssen. Abb. 3 zeigt schematisch den Aufbau des Simulationsmodells für das AGV.

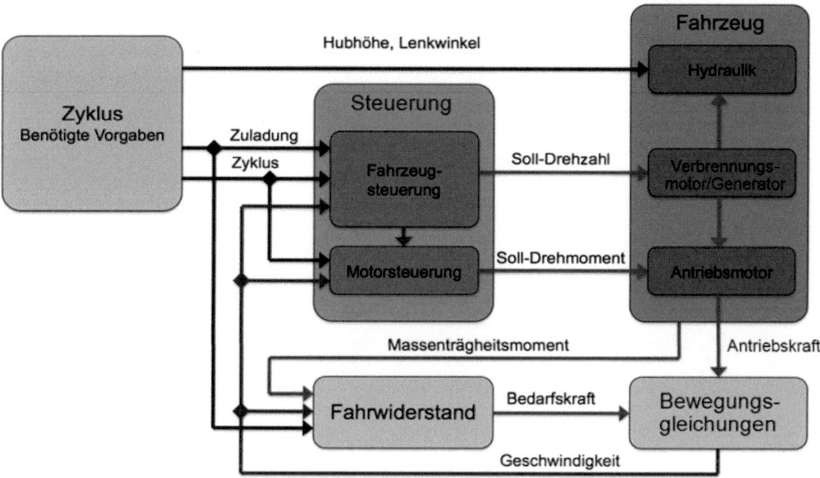

Abb. 3: Simulationsmodell für den Hybridantriebsstrang

Das Simulationsmodell des Hybridantriebsstrangs erlaubt es, die Komponenten für den jeweiligen Anwendungszweck optimal zu dimensionieren und eine verbrauchseffiziente Betriebsstrategie auf das Fahrzeug abzustimmen. Als Eingangsdaten für die Simulation dienen dabei die spezifischen Fahr- und Lastzyklen des betrachteten Fahrzeugtyps. Daraus ergeben sich die Betriebsgrößen der verschiedenen Komponenten und als Ergebnis der Simulation der Gesamtenergiebedarf für den Betrieb des Fahrzeugs.

3   Dimensionierung der Antriebskomponenten

Aus der Analyse der spezifischen Fahr- und Lastzyklen des betrachteten Fahrzeugtyps wird eine erste Dimensionierung der Antriebskomponenten abgeleitet, um die skalierbaren Module im Simulationsmodell zu bedaten.

3.1   Auslegung der Fahrmotoren

Die Fahrmotoren müssen in der Lage sein, die in den Fahrzyklen vorgegebenen Geschwindigkeiten in jeder Beladungssituation nachzufahren. Auslegungsrelevant ist daher die Fahrsituation mit den höchsten Fahrwiderständen.

3.2   Auslegung der elektrischen Hydraulikpumpe

Die Auslegung der elektrischen Hydraulikpumpe erfolgt analog zur Auslegung der Fahrmotoren. Die Pumpe muss die durch die Lastprofile vorgegebenen Hydraulikleistungen in jeder Beladungssituation bereitstellen können.

3.3   Auslegung der Verbrennungsmotor-Generatoreinheit

Ausschlaggebend für die Dimensionierung der Verbrennungsmotor-Generatoreinheit ist zunächst der maximale elektrische Gesamtleistungsbedarf, der sich aus der Kombination von Fahr- und Lastzyklus ergibt. Das Fahrzeug kann somit auch ohne eine unterstützende Leistungsabgabe des elektrischen Energiespeichers betrieben werden. Je nach Auslegung des Speichers kann die Dimensionierung der Verbrennungsmotor-Generatoreinheit in einem späteren Schritt modifiziert werden, siehe hierzu Kapitel 4.

3.4   Auslegung der AC-DC-Wandler

Die Auswahl der AC-DC-Wandler erfolgt nach den Leistungsklassen der zuvor ausgewählten elektrischen Komponenten.

3.5   Auslegung des elektrischen Energiespeichers

Grundüberlegung bei der Dimensionierung des elektrischen Energiespeichers ist, dass ein möglichst großer Anteil der kinetischen Energie des Fahrzeugs beim Abbremsen zurückgewonnen und zwischengespeichert werden kann. Dafür wird eine durchschnittliche rekuperierbare Energiemenge betrachtet, die sich aus allen in den Fahrzyklen auftretenden Abbremsungen bei unterschiedlichen Beladungszuständen ermittelt. Die Dimensionierung erfolgt unter Berücksichtigung der auftretenden Rekuperationsleistungen entsprechend dieses Durchschnittswerts. Eine Überdimensionierung, die sich bei ausschließlicher Betrachtung der maximal rekuperierbaren Energiemenge ergäbe, wird dadurch vermieden.

4 Betriebsstrategie

Die Auslegungsmethodik beinhaltet eine definierte Basis-Betriebsstrategie, mit der jeder nach dem Systembaukasten konfigurierte Hybridantriebsstrang betrieben werden kann. Diese umfasst die Regelung des Hybridantriebstrangs, den Start-Stopp-Betrieb des Verbrennungsmotors und die Bedarfsgerechte Steuerung der elektrischen Hydraulikpumpe. Unter Berücksichtigung der Fahr- und Lastzyklen sowie der speziellen Einsatzbedingungen und den daraus resultierenden individuellen Randbedingungen wird die Betriebsstrategie in der Simulation für den jeweiligen Fahrzeugtyp angepasst und optimiert.

4.1 Regelung des Hybridantriebstrangs

Die Regelung des Hybridantriebstrangs erfolgt nach dem in Abb. 4 dargestellten Schema. Aus der Differenz der geforderten und der tatsächlichen Fahrgeschwindigkeit ergibt sich ein Bedarfsstrom für die Antriebsmotoren. Die entsprechende Antriebsleistung wird dem Hochvolt-Zwischenkreis entnommen, wodurch dessen Spannungsniveau absinkt. Die Differenz aus dem fest vorgegebenen Sollwert für die Zwischenkreisspannung und dem sich einstellenden Wert bedingt daraufhin einen Bedarfsstrom für den Energiespeicher, mit dem der Spannungsabfall kompensiert wird. Damit verringert sich der Ladezustand (SOC) des Energiespeichers. Dieser ist definiert als Quotient aus aktuellem Energieinhalt und nominellem Energieinhalt:

$$\text{SOC} = \frac{E_{akt}}{E_{nom}} \qquad [1]$$

Die Differenz aus dem Soll-Ladezustand, der sich über die Fahrzeuggesamtmasse und die aktuelle Fahrgeschwindigkeit berechnet, und dem sich einstellenden Ist-Ladezustand bestimmt anhand einer Kennlinie eine Soll-Drehzahl für den Verbrennungsmotor.

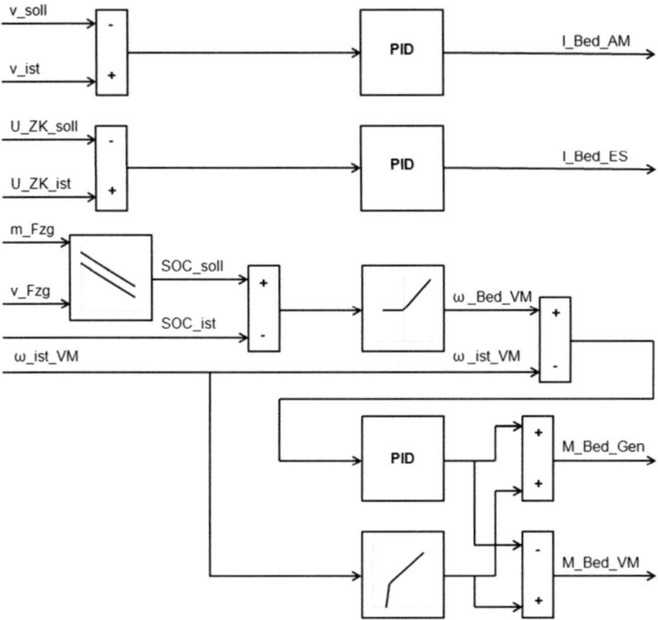

Abb. 4: Schematische Darstellung der Betriebsstrategie

Der Verbrennungsmotor wird entlang einer verbrauchsoptimalen Kennlinie betrieben, die den Betriebspunkt für jede Drehzahl entsprechend dem minimalen spezifischen Kraftstoffverbrauch vorgibt. [3] Weichen Soll-Drehzahl und Ist-Drehzahl des Verbrennungsmotors voneinander ab, wird dem aus der Kennlinie resultierendem Soll-Moment entsprechend der Drehzahldifferenz ein zusätzliches Regel-Moment überlagert, so dass sich ein neuer optimaler Betriebspunkt einstellt.

4.2 Berechnung des Soll-Ladezustands

In der Betriebsstrategie ist festgelegt, dass der Energiespeicher bei einer Abbremsung die gesamte Rekuperationsenergie aufnimmt und am Ende der Abbremsung seinen maximalen Ladezustand aufweist. Das bedingt, dass der Speicher im Fahrbetrieb um die entsprechende Energiemenge entladen werden muss. Die Vorgabe für den Soll- Ladezustand wird im Fahrbetrieb dementsprechend verringert. Da die kinetische Energie abhängig von der Fahrzeuggesamtmasse und der Fahrgeschwindigkeit ist, variiert auch die zurückgewinnbare Energiemenge bei jeder Abbremsung. Der Soll-Ladezustand ist daher eine Funktion der Masse und der Geschwindigkeit unter Berücksichtigung aller Wirkungsgrade der gesamten Energiewandlungskette:

$$SOC_{Soll} = f(m, v, \eta) \tag{[2]}$$

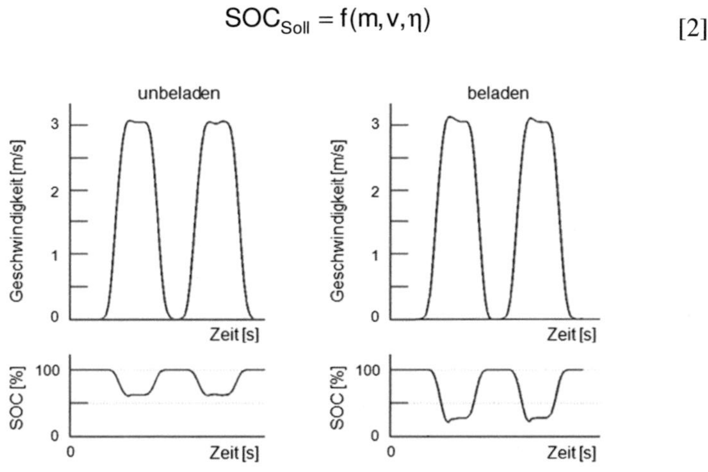

Abb. 5: Verlauf des Soll-Ladezustands, a) unbeladen, b) beladen

Abb. 5 zeigt den Verlauf des Soll-Ladezustands für verschiedene Beladungen in einer identischen Fahrsituation. Aufgrund der höheren Zuladung wird der Soll-Ladezustand in Abb. 5 b) mit zunehmender Geschwindigkeit stärker abgesenkt, wodurch dem Energiespeicher in Folge mehr Energie entnommen wird. In beiden Fällen erreicht der Ladezustand am Ende der Abbremsungen wieder das Ausgangsniveau.

4.3 Start-Stopp-Betrieb des Verbrennungsmotors

Der Hybridantrieb ermöglicht gegenüber einem konventionell oder diesel-elektrisch betriebenen Fahrzeug einen Start-Stopp-Betrieb des Verbrennungsmotors. Der Verbrennungsmotor kann abgeschaltet werden, wenn Fahr- und Lastzyklen einen Stillstand erlauben, wobei elektrische Verbraucher durch Energie aus dem Energiespeicher weiterhin versorgt werden. Fahr- oder Hubaufgaben mit geringer bis mittlerer Leistungsanforderung können dabei ebenfalls mit abgeschaltetem Verbrennungsmotor erfolgen.

4.4 Steuerung der elektrischen Hydraulikpumpe

Durch die elektrische Hydraulikpumpe ist eine bedarfsgerechte Steuerung möglich, die vollständig vom Verbrennungsmotor entkoppelt ist. Insbesondere kann auch bei Stillstand des Verbrennungsmotors der benötigte Hydraulikdruck aufrecht erhalten werden.

5 Weitere Effizienzsteigerungspotentiale

Im Rahmen des Verbundprojekts wurden weitere Potentiale zur Effizienzsteigerung untersucht, die sich durch die Verwendung eines Hybridantriebs ergeben. Insbesondere wurden das Downsizing des Verbrennungsmotors und eine Elektrifizierung der hydraulischen Nebenaggregate betrachtet.

5.1 Downsizing des Verbrennungsmotors

Ein aus dem Systembaukasten zusammengestellter Hybridantrieb erlaubt prinzipiell die Verwendung einer Verbrennungsmotor-Generatoreinheit mit einer geringeren Nennleistung. Im Betrieb auftretende Leistungsspitzen können über einen gewissen Zeitraum vom elektrischen Energiespeicher abgedeckt werden. Im Normalbetrieb kann der leistungsschwächere Verbrennungsmotor in Bereichen besseren Wirkungsgrads betrieben werden. Je nach Dauer der auftretenden Leistungsspitzen ist jedoch eine höhere Kapazität des Energiespeichers erforderlich.

In der Simulation zeigte sich am Beispiel des AGV, dass die Verbrauchseinsparungen des Downsizing gegenüber der Grundauslegung des Verbrennungsmotors relativ gering ausfallen. Die Wirkungsgradbereiche, in denen die verschiedenen Verbrennungsmotoren betrieben werden, unterscheiden sich nur unwesentlich, da auch der leistungsschwächere Verbrennungsmotor überwiegend im Teillastbereich betrieben wird. Demgegenüber stehen steigende Antriebsstrangkosten durch eine zusätzlich benötigte Speicherkapazität. Für andere Fahrzeugtypen ist das Effizienzsteigerungspotential eines Downsizing jedoch gesondert zu prüfen.

5.2   Elektromechanische Hubantriebe

Für verschiedene Fahrzeuge wurden simulativ elektromechanische Hubantriebe untersucht, um das Effizienzsteigerungspotential durch die Rekuperation der potentiellen Energie der Last zu untersuchen. Aufgrund der relativ geringen Wirkungsgrade der betrachteten Spindelhubantriebe, der zum Teil nur geringen Hubhöhen und weiterer fahrzeugspezifischer Randbedingungen konnte jedoch kein nennenswerter Verbrauchsvorteil ermittelt werden.

6   Ergebnis und Ausblick

Entsprechend der mit Hilfe des Simulationsmodells ermittelten optimalen Systemauslegung wurde im Rahmen des Verbundprojekts ein Prototyp des AGV aufgebaut. Durch den Vergleich der simulativ berechneten und der in Fahrversuchen ermittelten Betriebsgrößen konnte das Simulationsmodell für das AGV validiert werden. Sowohl in der Simulation als auch im Realbetrieb wurde gegenüber einem Fahrzeug mit diesel-elektrischem Antriebstrang eine Verbrauchseinsparung im zweistelligen Prozentbereich nachgewiesen. Simulativ wurden für weitere Fahrzeugtypen Hybridantriebstränge mit dem Systembaukasten ausgelegt und hinsichtlich ihres Kraftstoffverbrauchs bewertet. Für alle betrachteten Fahrzeugtypen konnten ebenfalls Verbrauchseinsparungen gegenüber nicht hybridisierten Vergleichsfahrzeugen ermittelt werden.

Der Systembaukasten stellt in Verbindung mit der simulationsgestützten Auslegungsmethodik ein geeignetes Mittel dar, um im Scherlastbereich Hybridantriebsstränge unter Verwendung standardisierter Komponenten zu entwickeln. Die Höhe der Verbrauchseinsparungen lässt sich dabei im Vorfeld aus der Simulation ermitteln und bewerten. Durch die universelle Anwendbarkeit für eine Vielzahl von Fahrzeugtypen können Fahrzeughersteller ihre Kosten für die Entwicklung effizienter Antriebe verringern und sich somit einen Wettbewerbsvorteil verschaffen.

Literaturverzeichnis

[1] Biermann, J.-W.; Hammer, J.: Jetzt auch noch Hybridantriebe in Flurförderfahrzeugen? VDI-FVT-Jahrbuch 2010, Ausgabe Nr. 2010-03.

[2] Lalik, B.: Energieeffiziente Antriebsstränge für Schwerlastfahrzeuge. 3. Fachtagung Hybridantriebe für mobile Arbeitsmaschinen. 17.02.2011, Karlsruhe.

[3] Schulte-Cörne. C.: Hybridisierung von Abfallsammelfahrzeugen - Überblick, Motivation, Konzepte, Potenziale. Fachkonferenz Hybrid-Antriebe für Kommunalfahrzeuge. 14.11.2011, Berlin.

Leistungsflussmessungen am Traktor als Grundlage der Konzeption hybrider Antriebe

Forschungsprojekt TEAM

Dr.-Ing. Benno Pichlmaier, Dipl.-Ing. Thiemo Buchner,
Dipl.-Ing. Kim Hafner

*AGCO GmbH, 87616 Marktoberdorf, E-Mail:
benno.pichlmaier@agcocorp.com*

Kurzfassung

Grundlage von Hybridisierungs- und Elektrifizierungsstrategien mit dem Ziel der Effizienzsteigerung mobiler Maschinen ist die genaue Kenntnis aller Leistungsflüsse und Systemwirkungsgrade im realen Einsatzkollektiv. Im Rahmen des BMBF geförderten Verbundprojektes TEAM werden Konzepte zur Erhebung und Auswertung entsprechender Maschinendaten aus Feldeinsätzen erarbeitet. Ein 174 kW Standardtraktor Fendt 724 Vario wurde dazu aufwendig mit Messtechnik ausgestattet. Basierend auf den Erkenntnissen des Forschungsprojektes können technisch mögliche und wirtschaftlich sinnvolle Optimierungsmaßnahmen der Elektrifizierung bzw. Hybridisierung identifiziert werden, um Kraftstoffverbrauch und Kohlendioxidausstoß weiter zu verringern. Nach ersten Abschätzungen wird der Traktor für sich die hohen Investitionskosten hybrider Antriebe kaum amortisieren können. Intelligente Lösungen der Gerätehersteller sind gefragt, ebenso innovative Ansätze zur Kostensenkung bei Hochvoltkomponenten.

Stichworte

TEAM, Energieeffizienz, Elektrifizierung, Hybrid, Traktoren, Nebenaggregate, Portfolio

1   Einleitung

Die Elektrifizierung von landwirtschaftlichen Maschinen mit Hochvoltkomponenten wird derzeit breit diskutiert [1]. Einige Prototypen wurden bereits vorgestellt und haben im praktischen Einsatz ihre generelle Funktionsfähigkeit bewiesen [2]. Motivation sind je nach Maschinentyp Wirkungsgradverbesserungen im Antriebsstrang [3], präzisere Prozessregelung [4], Vermeidung von Umweltverschmutzung [5] und weitere.

Kritisch sind nach wie vor die hohen Kosten der elektrischen Komponenten und Systeme. Nicht jede Anwendung eignet sich daher unter wirtschaftlichen Aspekten für die Elektrifizierung. Um geeignete Konzepte identifizieren zu können ist eine genaue Kenntnis der realen Betriebszustände erforderlich.

2 Forschungsvorhaben TEAM

Ziel des branchenübergreifenden Forschungsprojekts TEAM (Entwicklung von Technologien für energiesparende Antriebe mobiler Arbeitsmaschinen) ist die Erarbeitung von Antriebslösungen zur nachhaltigen Steigerung der Energieeffizienz zukünftiger mobiler Maschinen.

Abb. 1: Themenschwerpunkte des Forschungsvorhabens TEAM

Durch die gemeinsame Arbeit von Maschinenherstellern, Zulieferern und Hochschulinstituten soll der technologische Vorsprung mobiler Maschinen

Made in Germany ausgebaut werden, um damit Wettbewerbsfähigkeit und letztendlich Produktionsstandorte und Arbeitsplätze langfristig zu sichern.

In Arbeitsgruppen mit unterschiedlichen Themenschwerpunkten werden hierfür Konzepte, Methoden und Lösungen erarbeitet. Abb. 1 gibt einen Überblick. Weiterführende Informationen finden sich im Internet [6].

Die AGCO GmbH setzt sich in Kooperation mit mehreren Industriepartnern (Bosch Rexroth, Bauer, Claas, Deutz, Liebherr) und dem Lehrstuhl für Mobile Arbeitsmaschinen am KIT intensiv mit Themenschwerpunkt 1 auseinander, in dem eine allgemeingültige Grundlage zur Effizienzbeurteilung mobiler Arbeitsmaschinen geschaffen werden soll. Mit einem aufwendig instrumentierten Traktor (Fendt 724 Vario, Nennleistung 174 kW nach EG 97/68) werden hierzu Feldmessungen durchgeführt.

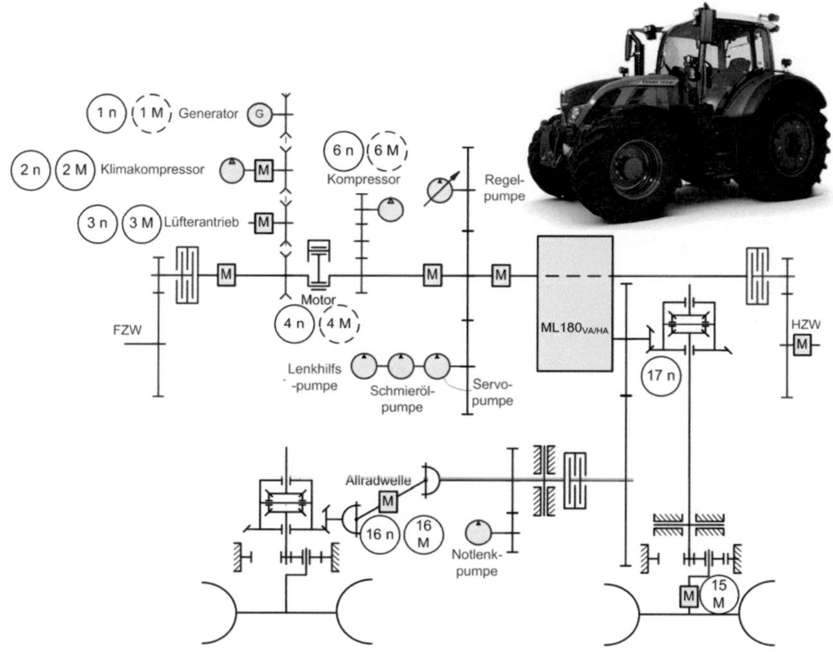

Abb. 2: Fendt 724 Vario Versuchstraktor und Messstellenplan (Auszug).

Es soll eine Datengrundlage für einen computergestützten Algorithmus geschaffen werden, der eine teilautomatisierte Bewertung der Energieeffizienz von Arbeitsmaschinen und Arbeitsprozessen ermöglicht und bei der Ableitung effektiver Lösungen zur Effizienzverbesserung unterstützt.

Um die mechanischen, hydraulischen, elektrischen und pneumatischen Leistungsflüsse detailliert zu erfassen, wurden von der AGCO GmbH Messkonzepte erarbeitet und appliziert. Abb. 2 zeigt den Versuchstraktor und einen Ausschnitt des Messstellenplans zur Erfassung der mechanisch übertragenen Leistungen. Entsprechende Pläne wurden für alle weiteren Systeme (Hydraulik, Elektrik, Pneumatik) entwickelt. Der Buchstabe „M" steht für eine Drehmomentmessung, „n" bezeichnet eine Drehzahlmessung. Kreise mit unterbrochener Linie kennzeichnen indirekt berechnete Drehmomentwerte, z.B. auf Basis von Kennfeldmodellen. Diese werden einerseits von Projektpartnern zur Verfügung gestellt (Deutz AG: Informationen der EDC; Bosch Rexroth: Kennfelder der Hydraulikpumpen) andererseits im Forschungsprojekt ENA gemeinsam mit dem Institut für Fahrzeugsystemtechnik (FAST) und dem Institut für Kolbenmaschinen (IFKM), beide KIT, ermittelt [7].

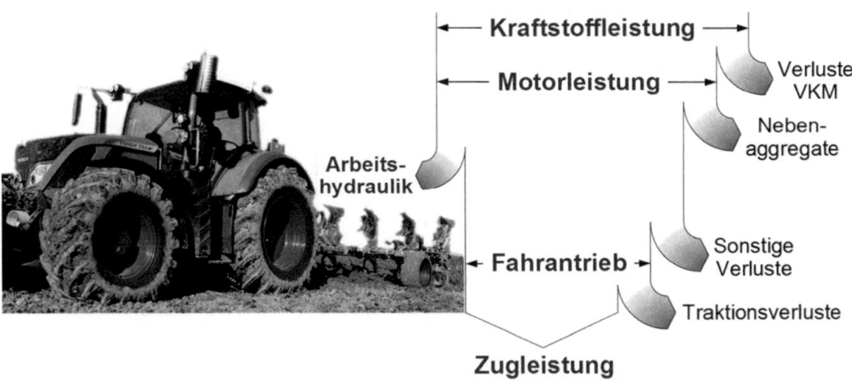

Abb. 3: Prinzipdarstellung des Leistungsfluss am Beispiel Pflügen.

Zusätzlich werden durch bereits in der Maschine vorhandene Seriensensoren zeitsynchron per CAN Bus Positions- und Zustandsdaten des Traktors während des Einsatzes erfasst, sodass eine nachträgliche Identifizierung der gefahrenen Prozesse ermöglicht wird. Hierdurch können Leistungsflüsse algorithmengestützt einzelnen Aufgaben im Arbeitsprozess zugeordnet werden. Abb. 3 zeigt prinzipiell den Leistungsfluss am Beispiel Pflügen. Der Begriff „Sonstige Verluste" beinhaltet die Getriebe- und Achsverluste im Fahrantrieb. Zug- und Hydraulikleistung verbleiben als Nutzleistung.

Zum Einsatz kommen unter anderem Drehzahl- und Drehmomentmessungen mit Funktranspondern im gesamten Antriebsstrang und an den Nebenantrieben sowie Zapfwellen. Weiterhin sind 6-Komponenten Messfelgen an der Hinterachse, Druck-, Temperatur- und Durchflussmessungen im Bereich Kühlung, Klimatisierung, Hydraulik und Pneumatik sowie Stromsensoren in den Hauptsträngen des Kabelbaums installiert. Hinzu kommen ca. 100 Mess- und Statuswerte über den Traktorbus sowie GPS Daten und Kameras.

Eine derart detaillierte Analyse der Arbeitsmaschine und der Arbeitsprozesse ermöglicht eine Beurteilung der Leistungsflüsse und Wirkungsgrade bis auf Komponentenebene. Auf dieser Basis kann das technische und wirtschaftliche Potential von Effizienzsteigerungen eruiert werden, wodurch sich Handlungsempfehlungen für effektive Maßnahmen ableiten lassen.

3 Hybridisierung oder Elektrifizierung?

Der Begriff *Hybrid* hat mittlerweile in allen Bereichen der Technik und auch des Alltags eine sehr generalisierte Bedeutung erhalten. War für ein Hybrid-Kraftfahrzeug zunächst die Eigenschaft einer Energiebereitstellung in zweierlei Form (fossiler Kraftstoff und elektrischer Energiespeicher) kennzeichnend, so hat sich heute eine Erweiterung auf Mischungen von Antriebskonzepten (mechanisch-hydraulisch, mechanisch-elektrisch, ...) ganz allgemein ergeben. Die Inhalte der Begriffe Elektrifizierung und Hybridisierung verschmelzen dabei, die Bezeichnungen werden zunehmend synonym.

Im Bereich der Traktoren ist der klassische Nutzen der Hybridisierung mit Energierückgewinnung und -speicherung in Batterien oder Supercaps eher gering. Große Zeitanteile mit Dauervolllast und hohe Rollwiderstände im Ackerbetrieb verringern das Rekuperationspotenzial und sorgen bei den meisten Anwendungen für inakzeptable Payback Zeiten der teuren Systeme.

Die elektrische Hybridisierung über Dieselmotor und Stromgenerator ohne große und teure Speicher bietet einige Optimierungsansätze durch dynamische und bedarfsgerechte Regelung von Aggregaten bei besonders verlustarmer Energiewandlung und -verteilung sowie Möglichkeiten der intelligenten Prozessführung in Verbindung mit Anbaugeräten.

4 Bewertung mittels Potenzialportfolio

Die Erfahrung zeigt, dass die ökologische Verantwortung zur Ressourcenschonung vor allem dann wahrgenommen wird, wenn sie mit wirtschaftlichem Nutzen verbunden ist. Hersteller müssen also diejenigen technischen Lösungen finden, die durch reduzierte Betriebskosten die zusätzlichen Investitionskosten der neuen Systeme ausreichend schnell kompensieren.

Elektrifizierte Systeme sind derzeit teure Lösungen. Entsprechende Einsparungen bei den Betriebskosten lassen sich dabei nur durch tendenziell hohe Leistung (anteilige Reduzierung der Kosten für die notwenige Systeminfrastruktur) und großen Effizienzgewinn (Reduzierung der Energiekosten) erreichen. Es ist also hilfreich zwei grundlegende Parameter bei den Systemen zu betrachten:

- Leistungsbedarf (Nutzleistung)
- Potenzial zur Wirkungsgradsteigerung

Mit Hilfe dieser Größen können interessierende Systeme qualitativ in ein technisches Potenzialportfolio eingeordnet werden. Die vier Portfolioquadranten werden dabei in Anlehnung an das Marktanteils- und Marktwachstums-Portfolio [8] als „Poor Dogs", „High Potentials" und „Question Marks" bezeichnet.

Abb. 4 zeigt ein Portfoliobeispiel mit einigen eingezeichneten Komponenten. So ist z.B. der Leistungsbedarf eines Kühlerlüfters relativ hoch und der Systemwirkungsgrad über z.B. hydraulischen Antrieb oder Viskokupplung gering und somit das Verbesserungspotenzial bzgl. bei Verwendung eines geregelten elektrischen Direktantriebes hoch („High Potential"). Bei modernen Fahrantrieben für Traktoren (stufenlos-leistungs-verzweigte Getriebe mit Motor-Getriebe Management) ist zwar die Leistung sehr hoch, aber das Verbesserungspotenzial des Wirkungsgrades aufgrund der schon erreichten technischen Reife gering („Question Mark"). Ein Stromgenerator üblicher Bauart für das 12 V Bordnetz wiederum hat einen eher geringen Energieumsatz aber ein hohes Verbesserungspotenzial bzgl. Wirkungsgrad bei Ersatz durch einen modernen DC/DC Wandler, der durch einen effizienten Hochvoltgenerator gespeist wird („Question Mark").

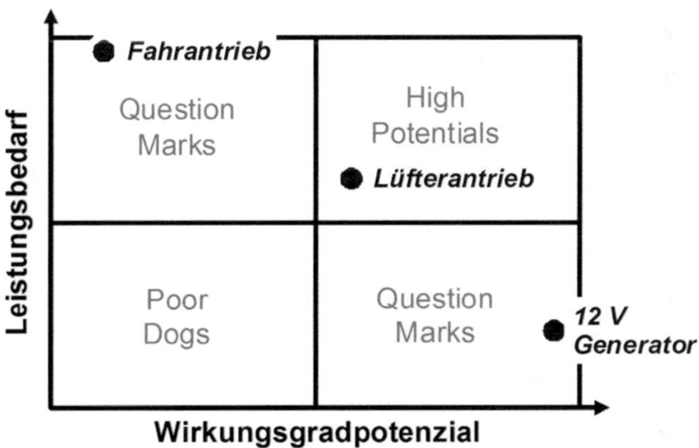

Abb. 4: Technisches Potenzialportfolio.

Durch die messtechnische Erfassung aller Leistungen (TEAM Projekt) kann die Portfolioeinordnung in quantitativer Form erfolgen: Die Analyse von Leistungsaufwand und Nutzleistung liefert Informationen zu Wirkungsgraden. Das theoretische Verbesserungspotenzial elektrischer Lösungen kann dann durch Simulation ausreichend genau prognostiziert werden.

5   Wirtschaftliche Betrachtungen

Eine verlässliche Aussage über mögliche Serienkosten elektrischer Systeme ist schwierig, Referenzen aus anderen Branchen sind kaum übertragbar. Die derzeit vor allem im Prototypstatus befindlichen Versuchsapplikationen sind nicht kostenoptimiert.

Eine einfache Abschätzung zeigt aber bereits, dass der Traktor für sich alleine gesehen bei seinen Kernaufgaben, z.B. Bodenbearbeitung, Aussaat etc. derzeit kaum eine Chance auf energetische Amortisation eines installierten Hochvoltsystems mit Generator, Leistungselektroniken, Kühlsystem, Sicherheits-, Überwachungs- und Bedienfunktionen hat:

Bei typischen Zugarbeiten im Feld (Grundbodenbearbeitung, Saatbettbereitung, …) verbleiben etwa 50 % der Kurbelwellenleistung als Nutzleistung [9]. Rechnet man die durch Elektrifizierung (fast) nicht beeinflussbaren Traktionsverluste von etwa 30 kW im Rad/Boden Kontakt heraus, bleiben bei einem 200 kW Traktor also 70 kW zwischen Kurbelwelle und Radnabe als Manövriermasse der Effizienzsteigerung.

Gelänge es, diese Verluste bzw. Leistungsaufnahmen der Nebenaggregate und des Fahrantriebes durch intelligente elektrische Antriebe im Mittel der Einsatzstunden um großzügig angesetzte 20 % zu reduzieren (14 kW Kurbelwellenleistung), so könnte der Maschinenbetreiber im Zeitraum von zwei Jahren bzw. 2000 Betriebsstunden Kraftstoffkosten in Höhe von rund 8000 Euro einsparen. Dafür müsste allerdings auch die volle Motorleistung durch einen Generator elektrisch zur Verfügung gestellt werden und diese Generatorleistung dann ein zweites Mal für die Verbraucher in Form entsprechender elektrischer Antriebe und Wandler installiert werden. Führt man die Rechnung zu Ende, dürften also die mittleren maximalen Mehrkosten der installierten elektrischen Leistung (200 kW Generator plus 200 kW Motoren) 20 Euro je kW nicht überschreiten. Weniger als eine übliche Lichtmaschine.

Diese überschlägige Betrachtung macht deutlich: den entscheidenden Nutzen kann der Traktor nicht für sich selbst generieren. Der Schlüssel zum Erfolg elektrischer Antriebssysteme kann nur in der Verbesserung des übergreifenden Arbeitsprozesses von Traktor und elektrifiziertem Anbaugerät liegen. Unter anderem durch verbesserte Dynamik und Präzision zur Einsparung von Saatgut und Dünger, effizientere und einfachere Leistungsdistribution, Packagevorteile sowie höheren Bedien- und Handhabungskomfort.

Das Projekt TEAM wird zum Leistungsbedarf der üblichen landwirtschaftlichen Geräte (Zapfwellenleistung, Hydraulikleistung, Zugleistung, elektrische Leistung) genaue Aussagen ermöglichen und damit die Entwicklung sinnvoller Lösungen zur Effizienzsteigerung unterstützen. Ob Elektrifizierung der richtige Weg ist, kann dann belastbar analysiert werden.

6 Schlussfolgerungen und Ausblick

Schon heute zeigen überschlägige Analysen bzgl. hybridelektrischer Systeme im Standardtraktor:

- Das Rekuperations- und damit klassische Hybridisierungspotenzial ist bei den üblichen Arbeitseinsätzen des Traktors im Feld gering.

- Die darstellbaren Effizienzsteigerungen können elektrische Antriebe in Traktoren derzeit noch nicht wirtschaftlich rechtfertigen.

- Wesentliche Vorteile können durch Verbesserungen im Gesamtprozess Traktor plus Gerät erreicht werden.

- Ziel muss es sein, die Kosten elektrischer Antriebe (Motor plus Umrichter) auf unter 30 Euro je kW installierter Leistung zu senken.

Die vorgestellte Portfolio Methodik und die umfassenden Messungen im Forschungsvorhaben TEAM können dabei helfen, grundlegende Aussagen zur wirtschaftlichen Bewertung elektrifizierter Systeme im landtechnischen Arbeitsprozess zu treffen und gut geeignete Applikationen zu identifizieren.

Die Kosten der gesamten am Fahrzeug notwendigen Peripherie und Infrastruktur zur Elektrifizierung sind derzeit zu hoch, die Verfügbarkeit geeigneter Komponenten und Systeme am Markt ist gering. Die Frage „Hype oder Revolution?" wird bzgl. Hybridisierung und Elektrifizierung des Traktors daher nicht zuletzt die Kostenentwicklung der Hochvolttechnik beantworten.

Es ist sinnvoll, den Blick auf die Entwicklungen im Bereich Automobil/ Lkw/Bus zu richten. Harmonisierte Aktivitäten der gesamten Branche der mobilen Maschinen sind unerlässlich, um durch Synergien und Standardisierung höhere Stückzahlen und geringere Herstellkosten zu erreichen.

Unter ökologischen Gesichtspunkten darf der Energiebedarf für Herstellung und Entsorgung der elektrischen bzw. hybriden Komponenten nicht vergessen werden, insbesondere bzgl. Rohstoffe für elektrische Maschinen, Leistungselektronik und ggf. Batteriesysteme.

Der Weg für die Landtechnik wird über Anpassung und Umbau bestehender Maschinen- und Gerätekonzepte zu Zugewinn an Erfahrung im praktischen Einsatz führen und letztendlich spezifische Antriebs-, Fahrzeug- und Gerätekonzepte, sowie Arbeitsprozesse entstehen lassen, die dann erst das volle Potenzial elektrischer Systeme nutzen.

Literaturverzeichnis

3. VDI-MEG Kolloquium Elektrische Antriebe in der Landtechnik. Dresden, 26.-27. Juni 2012.

Müller, A. M. et al.: Elektrifizierung von Landmaschinen. In: Tagungsband 1. VDI-Fachkonferenz Elektrik und Elektronik in mobilen Arbeitsmaschinen, Baden-Baden, 10.-11. Oktober 2012.

Dietel, H. und M. Gruber: Fahrantrieb am Rübenroder – Effizienzvergleich und Kühlkonzept. In: Tagungsunterlagen zum 3. VDI-MEG Kolloquium „Elektrische Antriebe in der Landtechnik". Dresden, 26.-27. Juni 2012,

Rauch, N.: Mit elektrischen Antrieben Traktor-Gerätekombinationen optimieren. 9. Fachtagung Landtechnik für Profis. Marktoberdorf, 22.-23. Februar 2010.

Shoemaker, J.: Electric Drives For Off-Road Mobile Equipment. In: Tagungsunterlagen zum 3. VDI-MEG Kolloquium Elektrische Antriebe in der Landtechnik. Dresden, 26.-27. Juni 2012.

Internetpräsenz des Verbundforschungsvorhabens TEAM. www.team-mobilemaschinen.de. Stand 01/2013.

Otto, F.: Nebenaggregate in Mobilen Arbeitsmaschinen - Numerische 1D-Simulation zur Potentialabschätzung der Effizienzsteigerung durch bedarfsgerechte Drehzahlregelung. 5. Expertenforum Elektrische Fahrzeugantriebe. Stuttgart, 12.-13. September 2012.

N. N.: The Experience Curve – Reviewed. IV. The Growth share Matrix or the Product Portfolio. BCG-Perspective. Internetpräsenz der Boston Consulting Group. www.bcg.de. Stand 01/2013. (Original 1973).

Pichlmaier, B. und K. T. Renius: Realtime Performance and Efficiency Monitoring for Large Tractors. In: Tagungsband 69. Intl. Tagung Landtechnik, Hannover, 2011, S. 47-52. Düsseldorf: VDI Verlag, 2011.

Verbrauchsreduzierung durch Drehzahlentkopplung von Nebenaggregaten an mobilen Arbeitsmaschinen

Methoden zur Potenzialabschätzung

Stefan Berlenz, Frank Otto, Dr. Uwe Wagner,

Prof. Dr.-Ing. Marcus Geimer

Karlsruher Institut für Technologie, Institut für Kolbenmaschinen und Lehrstuhl für Mobile Arbeitsmaschinen, 76131 Karlsruhe, Deutschland, E-Mail: stefan.berlenz@kit.edu, Telefon: +49(0)721/6084-2319

Kurzfassung

Stetig schärfere Abgasemissionsgrenzen und damit einhergehend immer komplexere Abgasnachbehandlungssysteme fordern zur weiteren Optimierung des Kraftstoffverbrauchs verstärkt die Optimierung des Motors in seiner Gesamtheit mit den Nebenaggregaten. Die Steigerung der Effizienz herkömmlicher Nebenaggregate besitzt insbesondere bei mobilen Arbeitsmaschinen eine große Hebelwirkung auf Grund des prinzipbedingten hohen absoluten Kraftstoffverbrauchs sowie hoher Betriebszeiten.

Ein gemeinsames Forschungsprojekt zwischen dem Lehrstuhl für Mobile Arbeitsmaschinen (MOBIMA) sowie dem Institut für Kolbenmaschinen (IFKM) des Karlsruher Instituts für Technologie (KIT), welches von der Deutschen Forschungsgemeinschaft (DFG) finanziert wird, untersucht hierzu die Entkopplung der Nebenaggregate mobiler Arbeitsmaschinen von der Motordrehzahl. Die Verluste der wesentlichen Nebenaggregate einer mobilen Arbeitsmaschine werden hierzu unter charakteristischen Belastungen ermittelt und Potenziale zur Drehzahlentkopplung durch eine bedarfsgerechte Regelung dieser bezüglich eines wirkungsgradoptimalen Gesamtsystems erschlossen. Im Weiteren soll daraus eine Methodik entwickelt werden, mit Hilfe derer für einen Hersteller vereinfacht Aussagen getroffen werden können, in welchen Anwendungsfällen sich die Entkopplung lohnt, wann die Mehrkosten sich amortisieren und in welchen Fällen die herkömmlichen Varianten günstiger fahren. Es sollen den Herstellern Chancen und

Grenzen bei der Verwendung entkoppelter Nebenaggregate aufgezeigt und bereits erste Möglichkeiten zur Drehzahlentkopplung vorgestellt werden.

Stichworte

Nebenaggregate, Entkopplung, Einsparpotenzial, Wirkungsgradsteigerung, Bedarfsgerecht, Elektrifizierung, Hybridisierung, Lastregelung, mobile Arbeitsmaschinen, numerische verlustbehaftete 1D Simulation

1   Einleitung

Nebenaggregate von Verbrennungsmotoren mobiler Arbeitsmaschinen (vgl. Abb. 1) besitzen derzeit üblicherweise noch eine starre Verbindung zur Kurbelwelle mit festem Übersetzungsverhältnis.

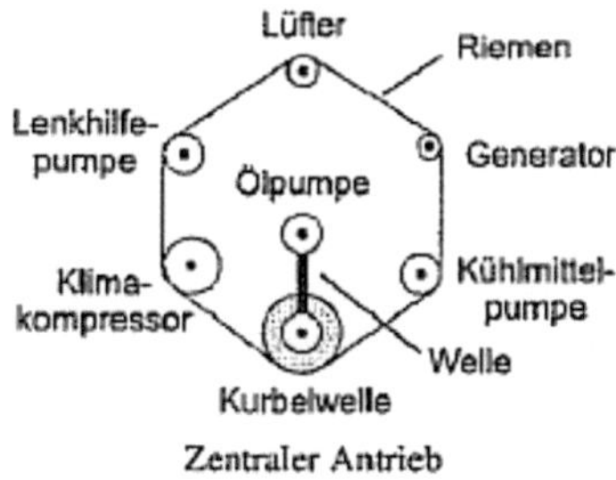

Abb. 1: Direkte Koppelung der Nebenaggregate über Riemen am Verbrennungsmotor [1]

Meist sind diese über einen Riementrieb verbunden, teils über einen Kettentrieb. In jedem Falle kann die Leistung dieser Aggregate somit lediglich abhängig von der Drehzahl, nicht aber von der Last des Motors geregelt werden. Je nach Fahrzeugkategorie und Betriebszustand werden durch die Nebenaggregate bereits in PKW-Anwendungen bis zu 20 % der vom Verbrennungsmotor bereitgestellten Leistung aufgenommen [2] und [3]. Im Off-Highway-Bereich sogar noch mehr. Weil auf Grund des Motordrehzahlbandes die Nebenaggregate durch die feste Drehzahlkopplung allerdings nicht optimal ausgelegt werden können, müssen diese zur ausreichenden Gewährleistung ihrer Betriebs-, Komfort- oder Sicherheitsfunktion in jeder erdenklichen Situation auf einen Worst Case ausgelegt werden. Hiermit wird sichergestellt, dass z.B. auch bei niedriger Drehzahl und hoher Lastanforderung des Motors die Wasserpumpe und der Lüfter eine ausreichende Motorkühlung gewährleisten oder die Ölpumpe bereits ausreichend Druck zur Schmierung und Kühlung der relevanten Bauteile liefert. Insbesondere mobile Arbeitsmaschinen stellen hierbei noch eine zusätzliche Schwierigkeit dar, da diese ebenfalls im Stand und somit bei fehlendem Fahrwind für Kühler und Motor Volllast leisten müssen, um z.B. per Zapfwelle angetriebene Anbaugeräte zu betreiben.

Dies hat zur Folge, dass die Nebenaggregate entsprechend ihrer Auslegung ihre maximal notwendige Leistung meist bereits bei niedrigen Drehzahlen erreichen und bei hoher Motordrehzahl die überproportional ansteigende Antriebsleistung als Überschussleistung ungenutzt abgeführt werden muss, was unnötigen Kraftstoffverbrauch bedeutet. Insbesondere bei Lastkollektiven mit hohen Drehzahlen, aber nur mittleren Motorleistungen sind somit erhebliche Einsparpotenziale gegeben.

Man kann stattdessen die Nebenaggregate z.B. durch elektrifizierte, mehrstufige- oder gar stufenlose mechanische oder hydraulisch angetriebene Varianten substituieren, welche somit drehzahlentkoppelt bedarfsgerecht auch an die Last angepasst werden können. Im PKW Bereich gibt es bereits derartig entkoppelte Varianten [4], [5], doch lassen sich deren Einsparpotenziale auf Grund der gänzlich unterschiedlichen Betriebszyklen und Randbedingungen kaum übertragen. Bisher sind solche Fortschritte im Bereich mobiler Arbeitsmaschinen eher verhalten angenommen worden, weil Robustheit bei Einsätzen der Maschine rund um die Uhr unabdingbar ist und ein Ausfall hohe Kosten verursachen kann. Gerade im Off-Highway Segment nehmen jedoch die laufenden Kraftstoffkosten bis zu 50 % der Life Cycle Costs ein. Weiterhin ist die Forderung seitens der EU Gesetzgebung, dass auch bei mobilen Arbeitsmaschinen bis 2020 eine CO_2 Einsparung von 20 % erzielt werden soll.

2 Grundlagen

Zur Bestimmung der Verluste herkömmlicher sowie zur Erschließung der Einsparpotenziale entkoppelter Nebenaggregate auf dem Sektor mobiler Arbeitsmaschinen werden ein Motor sowie sämtliche relevanten Nebenaggregate im Basiszustand und bereits entkoppelte Varianten vermessen. Dadurch werden Einsparpotenziale in Leistungsaufnahme sowie Kraftstoffverbrauch und Emissionen erarbeitet.

Durch den Einsatz optimierter Nebenaggregate soll in der Praxis bei gleicher effektiver Nutzarbeit an der Kurbelwelle die durch Kraftstoff eingebrachte, indizierte Arbeit reduziert werden, vgl. Abb. 2. Der Antriebsverlust der Nebenaggregate soll demzufolge also reduziert werden.

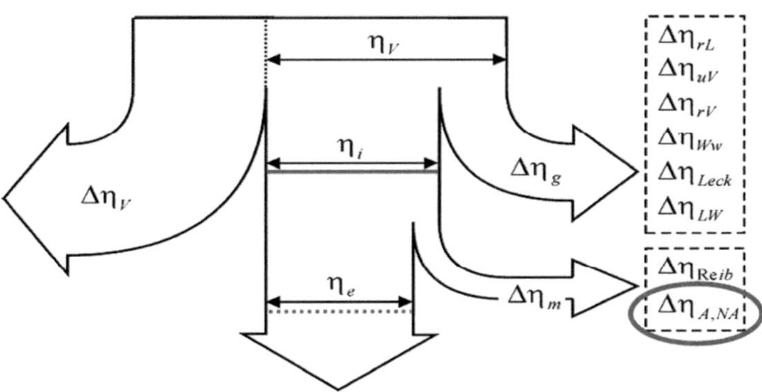

Abb. 2: Sankey-Diagramm

Dabei ergibt sich die effektive Leistung aus der indizierten sowie der Gesamt-Reibleistung entsprechend:

$$P_e = P_i - P_{r,gesamt} \qquad = P_i * \eta_{mech}$$
$$= P_i - P_{Reib} - P_{A,NA} = P_i * \eta_{Reib} * \eta_{A,NA} \qquad [1]$$

3 Messmethodik

Um die Leistungsaufnahme der Nebenaggregate sowie deren am Verbrennungsprozess anteiligen Kraftstoffverbrauch und Emissionsausstoß erfassen zu können, sind prinzipiell verschiedene Möglichkeiten denkbar. Die gleichzeitige Erfassung der Antriebsleistungen bzw. Momente aller Nebenaggregate z.B. mittels Drehmomentmesswellen im gefeuerten Motorbetrieb ist sehr aufwendig und das Originalsystem muss z.B. durch modifizierte, längere Antriebswellen verändert werden. Die Wahl viel daher auf die stufenweise Vermessung des Motors mit bzw. ohne entsprechendes Nebenaggregat und bei letzterem mit Fremdkonditionierung bzw. die direkte Vermessung auf einem Komponentenprüfstand. Tab. 1 gibt hierzu einen Überblick der Vor- und Nachteile.

Auf die für den Motorbetrieb notwendigen Nebenaggregate wie Lüfter, Wasserpumpe und Ölpumpe hat die Verbrennung einen erheblichen Einfluss und stellt neben der Motordrehzahl das Lastkollektiv dar (Ölviskosität, Lüfterschlupfvorgabe auf Grund Wassertemperatur etc.). Nebenaggregate wie Luftpresser, Klimakompressor oder Generator werden jedoch lediglich durch den Motor angetrieben und ggf. durch dessen Ölversorgung geschmiert. Daher werden die Untersuchungen zweigeteilt und ein gefeuerter Vollmotorenprüfstand sowie ein Komponentenschleppprüfstand eingesetzt. Der Vollmotorenprüfstand kann ebenfalls für Schleppuntersuchungen herangezogen werden. Für die gefeuerten Untersuchungen besteht prinzipiell die Möglichkeit, Betriebspunkte nach konstanter Kurbelwellenausgangsleistung P_e zu fahren. Dies entspricht einer konstanten Geschwindigkeitsvorgabe und kommt der Praxisforderung eher nach. Ein optimiertes Aggregat mit unterschiedlicher Leistungsaufnahme hat so aber eine Betriebspunktverschiebung mit verändertem Kraftstoffeintrag und somit ebenfalls anderen Verbrennungswirkungsgraden, Wärmeeinträge und Reibleistungen in z.B. Kolbengruppe oder durch Ladungswechselverluste zur Folge (vgl. Abb. 2 und Gleichung [1]). Ein Motorbetrieb mit konstanter innerer Leistung P_i bei gleich bleibenden Randbedingungen wie Ladeluft-, Kühlmittel- und Öltemperaturen verspricht gleiche Reibverluste und somit die Reinbetrachtung der Einsparpotenziale durch die Nebenaggregate.

	Schleppbetrieb	**Gefeuerter Betrieb**
Ermittlung Leistung bzw. Moment der Nebenaggregate	+ direktes Messen über Drehmomentmessflansch; Aufschlüsselung Nebenaggregat-Anteil am Vollmotor über Strip-/Differenzmessungen bzw. am Komponentenprüfstand unmittelbar	- indirektes Messen über P_i - P_e (Indiziermethode); (Aufschlüsselung $P_{A,NA}$ über Strip-/Differenzmessungen)
Ermittlung Kraftstoff-Verbrauch B & Emissionen W_X	o Umrechnung $P_{A,NA}$ auf anteiligen Verbrauch bzw. Emissionen im zugehörigen Motorbetriebspunkt über B- & W_X-Kennfeld aus Basisvermessung	+ direkt über Verbrauchsmessgerät bzw. Abgasanalysatoren (Aufschlüsselung $P_{A,NA}$ über Strip-/Differenzmessungen), wenn konstant P_e gefahren; ansonsten wie beim Schleppen [1]
Aufwand	o außer externe Konditionierungen kein weiterer größerer Umbau nötig	- Motor muss sehr genau und an allen Zylindern indiziert werden ($P_r = P_i$ - P_e)
Quereinflüsse	++ Bauteil-Temperaturen sehr konstant - Laborbedingungen, Praxisrelevanz nicht nachgewiesen -- Bestehendes System durch Konditionierungen verändert (Leitungslängen, Druckverhältnisse, …)	-- große Abhängigkeit von P_r des Motors (Kolbengruppe, Ventiltrieb, Ladungswechsel, HDP, …) ++ Realeinfluss (intermittierende Antriebsleistungen, reale Lagerbelastungen Kurbeltrieb etc.)

Tab. 1: Vor- und Nachteile der Messmethodik

Dies wurde für die Vermessung letzten Endes verwendet. Abb. 3 zeigt schematisch die einzelnen Leistungen am Motor mit der Systemgrenze Kurbelwelle. An dieser Stelle ist die innere Leistung P_i bereits um die Reibleistung P_{Reib} des Kurbel- und Ventiltriebs etc. verringert auf die effektive Kurbelwellenausgangsleistung P_e sowie die Aufnahmeleistung der Nebenaggregate $P_{A,NA}$ (vgl. Gleichung [1]). P_i wird durch eine Hochdruckindizierung an allen Zylindern mit hochaufgelöster Drehzahlerfassung ermittelt. P_e über einen Drehmomentmessflansch zwischen Motorantriebswelle und Leistungsbremse.

---

[1] konstant P_e: Realeinfluss wie in Praxis mit Betriebspunktverschiebung

konstant P_i: Reineinfluss Nebenaggregat (NA)

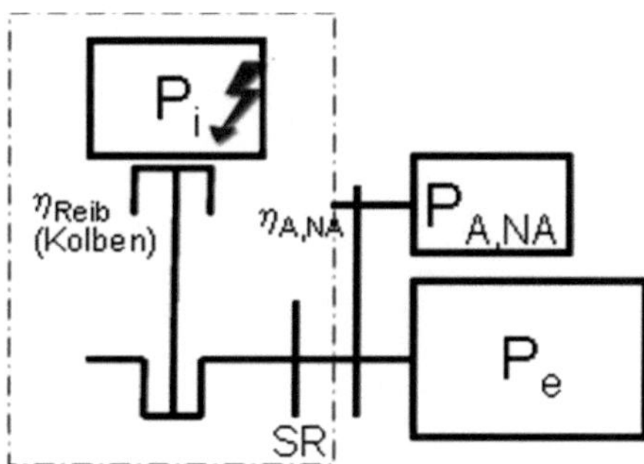

Abb. 3: Systemschaubild Leistungsaufteilung im Motor

Die Aufnahmeleistung der Nebenaggregate $P_{A,NA}$ kann nun bei gleicher indizierter Leistung P_i und somit gleicher Reibleistung P_{Reib} mittels der Änderung im Drehmomentmessflansch zwischen Messung mit zu ohne Nebenaggregat bei sonst gleichen Randbedingungen bestimmt werden (vgl. Gleichung [1]). Bei Vermessung ohne Nebenaggregat kommt eine externe Konditionierung zum Einsatz, die dessen Funktion (Fördern und Temperieren von Wasser, Öl oder Luft) übernimmt. Dabei wird ebenfalls die Temperatur konditioniert und sämtliche Größen (Durchfluss, Temperatur, etc.) entsprechend der vorangegangenen Messung eingestellt.

Die Vermessung des Motors erfolgt bei charakteristischen Betriebspunkten. Diese leiten sich maßgeblich aus dem für landwirtschaftliche Anwendungen relevanten DLG-PowerMix Betriebs-Last-Zyklus [6] ab. Die hierbei auftretenden Betriebspunkte werden nach Drehzahl, Last und Häufigkeit geclustert und für die entsprechenden Last-/Drehzahlbereiche jeweils ein charakteristischer Betriebspunkt abgeleitet. Siehe hierzu auch Abb. 4. Insgesamt ergeben sich so inklusive Leerlauf 11 Drehzahl-/ Drehmomentbetriebspunkte. Nach Vermessung der Aufnahmeleistung der Nebenaggregate $P_{A,NA}$ kann die Einsparung an Kraftstoff bzw. Emissionen über Verbrauchs- und Emissionskennfelder des Motor im entsprechenden Betriebspunkt ermittelt werden.

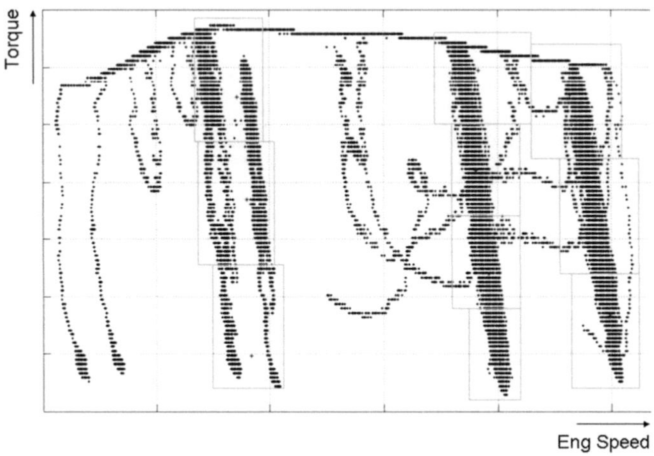

Abb. 4: Punktewolke des DLG-PowerMix [6] einer mobilen Arbeitsmaschine mit
Cluster und Schwerpunkten

4 Experimentelle Untersuchungen

4.1 Konventionelle Antriebe

Am Beispiel des Viskolüfters soll hierbei exemplarisch für alle anderen
Nebenaggregate auf eine Basisvermessung eingegangen und Verluste aufge-
deckt werden. Abb. 5 zeigt den Schlupf des Lüfters über die Viskokupplung
im gesamten Betriebskennfeld des Verbrennungsmotors. Obwohl der Lüf-
terantrieb durch die Verwendung einer Viskokupplung bereits drehzahlentkoppelt ist, kann hier durch einen anderweitig entkoppelten Antrieb weiteres
Potenzial erschlossen werden. Durch die feste Drehzahlkopplung der
Viskokupplung selbst muss diese im Betrieb für den aktuellen Bedarf an
Luftdurchsatz häufig zu hohe Antriebsdrehzahlen in Form von Wärme- und
Reibverluste innerhalb des Viskoantriebs abführen, um die Luftstromförde-
rung um damit die Aufnahmeleistung zu reduzieren.

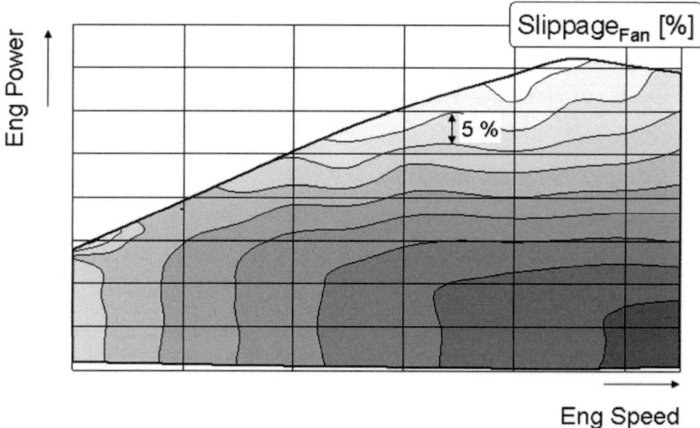

Abb. 5: Schlupf der Viskokupplung im Kennfeldbetrieb

Dabei werden jedoch immer noch Verluste von bis zu 70 % und in weiten Kennfeldbereichen mehr als 45 % der Antriebsleistung in Kauf genommen. Allein dieser Verlust beträgt in einigen Kennfeldbereichen um 1 % der Motorgesamtleistung und stellt ein betriebspunktabhängiges Kraftstoffeinsparpotential dar. Hinzu kommt der Vorteil der Betriebspunktverschiebung beim Wunsch nach konstanter Effektivleistung und dadurch weiterer Kraftstoffeinsparung.

4.2   Ausblick für optimierte Antriebe

[7] zeigt Vorteile von einem elektrischen Lüfter von im Mittel sogar 6 % gegenüber nicht elektrifizierten Lüftern im DLG-PowerMix Zyklus. Durch den hohen Energiebedarf der Lüfter werden elektrisch angetriebene allerdings erst sinnvoll durch die Elektrifizierung des Antriebsstrangs. Bis diese die Markreife erhalten bzw. Kundenakzeptanz und konkurrenzfähige Preisniveaus erreichen, können entkoppelte Nebenaggregate dennoch die Gesamteffizienz merklich steigern. Eine Möglichkeit ist die Reduzierung der Drehzahl antriebsseitig z.B. durch unterschiedlich wählbare Übersetzungen mittels schaltbaren Kupplungen [8]. Ähnliche prozentuale Vorteile von bis zu 70 %

reduzierter Antriebsleistungen und um 1-3 % geringerem Kraftstoffverbrauch versprechen geregelte Wasser- und Ölpumpen [4], [5], [9], [10], [11], [12], [13] im On-Road-Bereich. Bei diesen Förderpumpen sind die absoluten Aufnahmeleistungen geringer und sowohl mechanische druck- und volumengeregelte Pumpen als auch elektrische Varianten für herkömmliche Fahrantriebe möglich und bereits auf dem Markt erhältlich.

5   Simulationsansatz

Parallel zu den Messungen am befeuerten Motor sowie den Prüfstandsläufen auf dem Aggregateprüfstand werden die Nebenaggregate in numerische 1D Simulations-Modelle überführt und in Simulationen den gleichen Lastzyklen ausgesetzt wie sie in der Praxis vorkommen. Die Kennlinien und Leistungsaufnahmen innerhalb der Lastzyklen werden in der numerischen 1D Simulation mit denen der Prüfstandsversuche abgeglichen und somit die Modelle validiert. Zusätzlich wurden am Lehrstuhl MOBIMA bereits in Vorprojekten seit 2006 mechanische, hydraulische und elektrische Komponentenmodelle für Antriebsstränge, Regelung, Übertragungselemente, Aggregate, Getriebe und Motoren modelliert. Im Zusammenspiel bieten dieser Baukasten von Modellen und praxisgerechte Lastzyklen nun die Ausgangsbasis für Untersuchungen zur Potentialausschöpfung einer Wirkungsgradeverbesserung bei der bedarfsgerechten Regelung der mittels verschiedensten Methoden von der Dieseldrehzahl entkoppelten Nebenaggregate. Die Methode zur Potentialabschätzung der Effizienzsteigerung wird auf die Nutzbarkeit dieser 1D Modelle zurückgreifen, was zu einer geringen Aussageunsicherheit bei neuen Konzepten hinsichtlich ihrer Gesamtverlustbilanz führen soll.

6   Fazit und Ausblick

Die experimentellen Daten liefern zusammen mit der Kenntnis repräsentativer Lastzyklen und somit Gewichtungsfaktoren einzelner Messdaten Informationen darüber, für welche Anwendung sich eine Entkopplung rechnet und für welche nicht. Denn die Entkopplung und damit Reduzierung der Überschussleistung und Leistungsaufnahme des Nebenaggregats an sich auf Grund der bedarfsgerechten Ansteuerung geht in der Regel einher mit einer Verschlechterung des vorher rein mechanischen Übertragungswirkungsgrads. Geht man z.B. den Umweg über eine elektrische Pumpe, so müssen nun neben dem mechanischen Wirkungsgrad auch der Generator- sowie der Motorwirkungsgrad mit in die Gesamtbilanz eingerechnet werden. Nur wenn in Summe die Aufnahmeleistung an der Kurbelwelle und somit der notwendige Energieeintrag reduziert werden kann, wird auch wirklich Kraftstoff eingespart. Es wird also Anwendungen geben, wo eine Entkopplung energetisch keine Vorteile bringt. Aber insbesondere Anwendungen mit häufig wechselnden Lastanteilen oder hohen Drehzahlen bei vergleichsweise mittleren oder geringen Lasten bieten erhebliche Vorteile und Einsparpotenziale. Mit Hilfe von Simulationen sollen bereits erste praxisrelevante Strategien zum Einsatz drehzahlentkoppelter Nebenaggregate untersucht werden. Lüfter und Wasserpumpe stehen z.B. direkt im Zusammenhang und so kann beispielsweise über eine Durchflusserhöhung des Kühlmediums mit zugleich Reduzierung der Lüfterdrehzahl in Summe Kraftstoff eingespart werden. Mit Hilfe dieser Forschungsergebnisse soll es Herstellern leichter möglich sein, Aussagen über Amortisierung der Mehrkosten dieser entkoppelten Aggregate zu treffen, weil die Anwendungsfälle von deren Kunden und damit die absoluten Kraftstoffeinsparungen berücksichtigt werden können.

Literaturverzeichnis

[1] M. Schmidt. Maßnahmen zur Reduktion des Energieverbrauchs von Nebenaggregaten im Kraftfahrzeug. VDI Nr. 537 Reihe 12. 2003.

[2] B. Goeschel. Magna Steyer. Elektrifizierung Antrieb. 2008.

[3] B. Voß. Wirkungsgradverbesserung von Fahrzeugantrieben durch eine bedarfsorientierte Auslegung der Nebenaggregate und ihrer Antriebe. VDI Nr. 159 Reihe 12. 1991.

[4] A. Genster, W. Stephan. Immer richtig temperiert - Thermomanagement mit elektrischer Kühlmittelpumpe. MTZ 11.2004.

[5] G. Mendl, M. Fitzen, R. Dornhöfer, W. Trost. Ottomotoren im Audi A6. ATZ extra S. 46 – 51, Januar 2011.

[6] O. Degrell, T. Feuerstein. DLG-PowerMix – Ein praxisorientierter Traktorentest, www.dlg-test.de/powermix.

[7] M. Götz. Vergleich zwischen einer Hybridisierung und einer Elektrifizierung eines Traktors. 3. Fachtagung Hybridantriebe für mobile Arbeitsmaschinen. Karlsruhe. 17.02.2011, Tagungsband S. 25-34.

[8] K. Peter. Kraftstoffeinsparung bei Landmaschinen durch den Einsatz von geschalteten Nebenaggregaten. 70. Internationale Tagung Land.Technik. Karlsruhe. 2012.

[9] A. Ennemoser, H. Schreier, H. Petutschnig. Optimierte Betriebsstrategie für Nebenaggregate im Lkw. MTZ 03.2012.

[10] D. Voigt. Zweiflutige Aussenzahnrad-Regelölpumpe für Nutzfahrzeug-Motoren. MTZ 04/2011.

[11] H. Jensen, M. Janssen, G. Beez, A. Cooper. Kraftstoffeinsparpotenzial der geregelten Pendelschieberpumpe. MTZ 02/2010.

[12] A. Brömmel, M. Rombach, B. Wickerath, T. Wienecke. Elektrifizierung treibt Pumpeninnovationen. MTZ extra. S. 86 – 96. Ausgabe 1-2012.

[13] G. Schultheiss, M. Banzhaf, S. Edwards. Visco-Wasserpumpe - Bedarfsabhängige Regelung der Fördermenge. MTZ 03.2012.

Potenziale und Grenzen thermischer Energierekuperation in mobilen Arbeitsmaschinen

Tobias Töpfer, Daniel Lüderitz, Yacin Ben Othman, Jörn Seebode

IAV GmbH, Fachbereich Nutzfahrzeuge, 10587 Berlin, Deutschland
E-Mail: tobias.toepfer@iav.de, Telefon: +49(0)30/39978-9318.

Kurzfassung

Im vorliegenden Beitrag werden die Potenziale der thermischen Energierekuperation von mobilen Arbeitsmaschinen am Beispiel eines Ackerschleppers betrachtet. Dabei wird dem Antriebsstrang der Landmaschine die rekuperierte thermische Energie durch Verwendung des Rankine-Prozesses als mechanische Leistung wieder zur Verfügung gestellt.

Die Untersuchung wurde mit Hilfe einer energetischen Gesamtsystemsimulation durchgeführt. Für die Abschätzung der Potenziale und Grenzen der thermischen Energierekuperation in der betrachteten Anwendung wurde der DLG-PowerMix als Lastvorgabe verwendet. Die Ergebnisse aus den Arbeitszyklen werden in Bezug auf die Unterschiede im Kraftstoffverbrauch und in der Maschinenperformance dargestellt.

Stichworte

Gesamtsystemsimulation, Wärmeenergierückgewinnung, Effizienzsteigerung, Hybridisierung, Velodyn for ComApps

1   Einleitung

In den letzten Jahren wurden zahlreiche Hybridprototypen entwickelt und grundlegende Erkenntnisse gewonnen. Abb. 1 zeigt hierzu eine entsprechende Designstudie von IAV. Die flächendeckende Marktdurchdringung hat allerdings noch nicht stattgefunden. Ein Grund dafür ist der noch späte „Return of Invest" und die damit verbundene fehlende Kundenakzeptanz.

Eine Möglichkeit die Einsparungspotenziale zu steigern, ist die Erschließung alternativer Rekuperationsquellen. Zurzeit werden primär kinetische und potenzielle Energien für die Rekuperation verwendet. Eine alternative Rekuperationsquelle ist die thermische Energie im direkten Umfeld der Verbrennungskraftmaschine (VKM).

Abb. 1: IAV Traktor Designstudie

Für die Umwandlung der thermischen in mechanische Energie wurde in dieser Betrachtung der Rankine-Prozess verwendet. Dieser zeigte in einer vorgeschalteten Untersuchung das größte Potenzial für mobile Arbeitsmaschinen mit Dieselantrieb. In einer Rankine-Maschine wird der Druck auf das flüssige Arbeitsmedium erhöht, welches dann unter Zuführung thermischer Energie aus dem Abgas erwärmt, verdampft und überhitzt wird. Anschließend wird das Prozessmedium unter Abgabe von Arbeit in einer Expansionsmaschine entspannt.

Der Schlepper wird mit Hilfe einer energetischen Gesamtfahrzeugsimulation modelliert und anhand von Lastzyklen aus dem DLG-PowerMix [2] validiert.

2   Simulationsumgebung und Modellaufbau

Um den Entwicklungsaufwand möglichst effizient zu gestalten, kommen in der hier beschriebenen Potenzialanalyse vor allem moderne Entwicklungsme-

thoden zum Einsatz. Angewendet werden eine energetische Gesamtfahrzeugsimulation und die gekoppelte Detailsimulation der Rankine-Komponenten.

Die Gesamtsystemsimulation stellt eine 0D-Betrachtung der Energie- und Informationsflüsse in der modellierten Maschine dar. Für diese Simulations-art kommt das von IAV entwickelte Tool Velodyn for ComApps zum Einsatz [1].

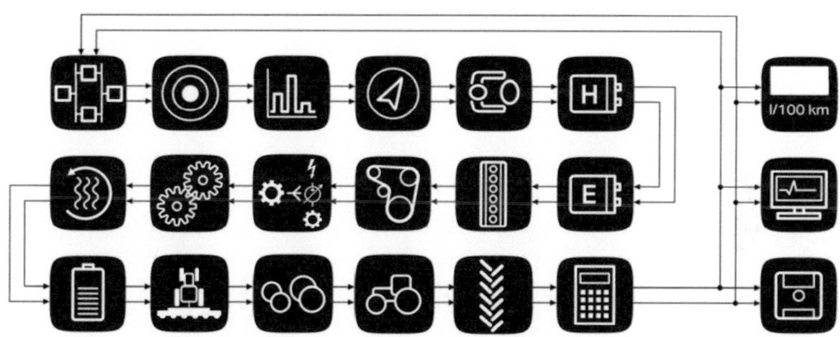

Abb. 2: Modellstruktur der energetischen Gesamtsystemsimulation

In Abb. 2 ist die Modellstruktur der Gesamtsystemsimulation dargestellt. Die Pfeile zeigen den Informationsfluss des Datenbusses. Die einzelnen Blöcke stellen Teilmodelle dar, die die unterschiedlichen Maschinenkomponenten numerisch abbilden. Der Modellierungsschwerpunkt liegt auf der Abbil-dung der thermischen Rekuperationskomponenten, des Antriebsstrangs, der Rad-Boden-Interaktion sowie der Getriebeschaltlogik. Das Modell bildet einen mittelgroßen Ackerschlepper im Leistungsbereich von ca. 100 kW ab. Für die Parametrisierung und Validierung wurde eine Maschine mit hoher Marktdurchdringung aus dem Premiumsegment gewählt. Der Antriebsstrang dieser Maschine ist im Modell so angepasst, dass er die Abgasnorm Stu-fe 4/Tier 4f erfüllt.

Die thermische Simulation erfolgt mit dem auf der Modellierungssprache Modelica® basierenden 0D-Simulationstool Dymola®. Das für diese Potenzi-alstudie erarbeitete Modell beinhaltet die Medienführung, die Wärmeübertra-gung, thermische Massen, die Abb. der Verdampfung und Überhitzung des organischen Arbeitsmediums sowie die Expansion bzw. Umwandlung der thermischen Leistung in mechanisch nutzbare Leistung. Für diese Studie wurde eine praxisnahe Konfiguration der Wärmetauscher (WT) entwickelt und unterschiedliche Expansionsmaschinen untersucht.

3 Modellvalidierung

Die DLG hat für die simulierte Schlepperanwendung umfangreiche Zyklusergebnisse des DLG-PowerMix publiziert, auf die für die Validierung des Schleppermodells zugegriffen werden konnte.

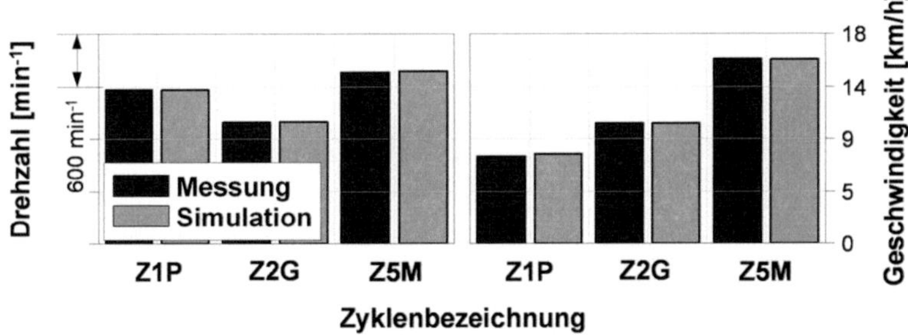

Abb. 3: Validierung des Maschinenmodells

In Abb. 3 können exemplarisch Validierungsergebnisse eingesehen werden. Die Grafik zeigt den Vergleich der gemessenen durchschnittlichen Zyklusgeschwindigkeit und der mittleren VKM-Drehzahl im Vergleich zu den simulierten Werten. Die Validierung fand in allen Einzelzyklen des DLG-PowerMix statt. Exemplarisch sind hier die später relevanten Zyklen (vgl. Abschnitt 5) abgebildet. Insgesamt konnte eine sehr gute Übereinstimmung der Simulationsdaten mit den Messdaten erzielt werden.

Die Validierung der WT-Modelle erfolgte an real ausgeführten Bauteilen, die an einer automotiven Anwendung vermessen wurden. Die Wärmeübertragung wurde über bekannte empirische Gleichungen für Standardwärmeübertragungsfälle (z.B. längs durchströmtes Rohr) berechnet. Zur Validierung und Anpassung der Konvektionsberechnung wurden die in den empirischen Gleichungen enthaltenden Faktoren und Exponenten angepasst und für die Berechnungen dieser Potenzialstudie die bestehenden, bereits validierten WT-Modelle, entsprechend skaliert.

4 Implementierung der Wärmeenergierekuperation

4.1 Positionierung und Auslegung der Wärmetauscher

Grundlegend für eine Wärmeenergierekuperation sind die Wärmequellen und -senken. Um möglichst viel Wärmeenergie zur Verfügung zu haben, müssen hohe Massenströme mit hoher Temperaturdifferenz zwischen der oberen (im WT) und der unteren Prozesstemperatur (im Kondensator) verwendet werden. Hierfür bieten sich primär die Abgase der VKM an.

Als Wärmequelle kommen zum einen der Massenstrom der Abgasrückführung (AGR) und zum anderen das Abgas (nach Abgasturbolader) in Frage. Das betrachtete Emissionslevel Stufe 4/Tier 4f macht eine aufwendige Abgasnachbehandlung (ANB) notwendig. Diese benötigt ein bestimmtes Temperaturniveau, um die chemischen Prozesse in der Anlage zu gewährleisten. Ein WT nach Abgasturbolader und vor der ANB darf das Abgas nicht unter dieses Temperaturniveau (260-290°C) absenken. Besser ist demnach eine Positionierung des Abgas-WT nach der ANB. Bei der hier betrachteten Schlepperanwendung sitzt die ANB im Bereich der A-Säule des Führerhauses. Eine Platzierung des Abgas-WT nach der ANB hätte große geometrische Abstände zwischen den Rankine-Komponenten und höchstwahrscheinlich eine Beeinträchtigung des Fahrersichtfeldes zur Folge.

In dieser Studie kommen daher ein WT im AGR-Kreis (ersetzt den AGR-Kühler) und ein Abgas-WT vor der ANB zum Einsatz. Um sicherzustellen, dass die chemischen Prozesse der ANB nicht durch zu geringe Temperaturen beeinträchtigt werden, wurde eine Bypass Lösung gewählt (siehe Abb. 4). Durch diesen Bypass ist eine Temperaturregelung vor der ANB möglich, wodurch auch zu hohe Abgastemperaturen vermieden werden können, die sich ebenfalls negativ auf die Effizienz der ANB auswirken.

Als Ausgangsbasis der WT-Konfiguration bzw. der Auslegung der WT-Flächen dienen die in Abschnitt 3 beschriebenen und validierten WT-Modelle. Die Regelung der Abgastemperatur vor der ANB wird mittels einer Mischklappe realisiert. Gewählt wurde die WT-Fläche so, dass am Motorbetriebspunkt mit dem größten Abgasenergieangebot gerade eine Abkühlung unter 280°C und damit in allen Betriebspunkten eine Regelung der Abgastemperatur möglich ist.

Zur Ermittlung der nötigen WT-Fläche des AGR-WT wurde der Betriebspunkt mit der größten AGR-Kühlleistung herangezogen. Mit der gewählten Auslegung kann dieselbe AGR-Kühlung wie mit dem Serien-AGR-Kühler gewährleistet und damit vollständig auf diesen verzichtet werden. Das dabei verwendete Simulationsmodell berücksichtigt die arbeitsmedienseitige Reihenschaltung der Wärmetauscher, vgl. Abb. 4.

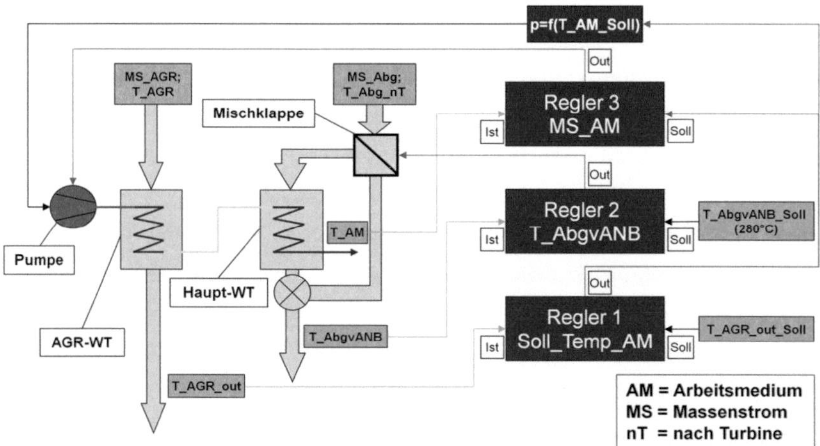

Abb. 4: WT-Anordnung und Reglerstruktur

4.2 Regelungskonzept

In der in Abb. 4 gezeigten Regelstruktur hat die AGR-Kühlung Priorität. Durch Regler 1 wird, wie bereits beschrieben, die Solltemperatur des Arbeitsmediums am Austritt des Hauptwärmetauschers so eingestellt, dass die zur Emissionseinhaltung nötige AGR-Kühlung gewährleistet wird. Regler 2 passt die Mischklappe bzw. das Verhältnis zwischen dem Abgasmassenstrom durch den Haupt-WT und dem Bypassstrom so an, dass sich (sofern der Motorbetriebspunkt es zulässt) die geforderten 280°C vor der Abgasnachbehandlung einstellen. Regler 3 stellt je nach der gegeben Solltemperatur von Regler 1 den Massenstrom des Arbeitsmediums ein.

4.3 Expander

Es wurden drei unterschiedliche Expansionsarten und -maschinen simuliert und miteinander verglichen. Als Ausgangsbasis diente der theoretische Rankine-Prozess unter der Annahme eines isentropen Wirkungsgrades und eines mechanischen Wirkungsgrades einer idealen Expansionsmaschine.

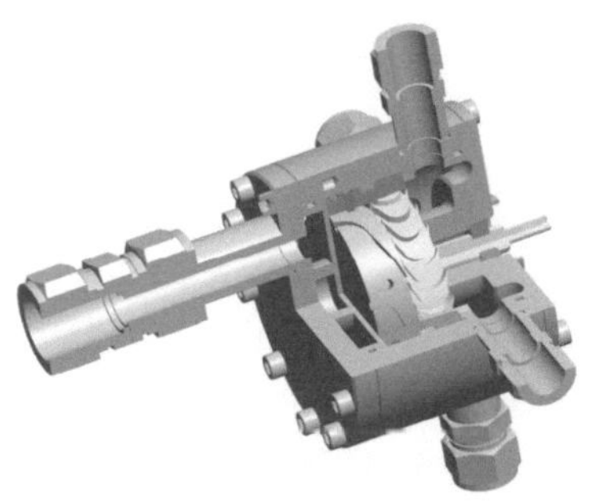

Abb. 5: Konstruktionsentwurf einer einstufigen Gleichdruckturbine

Abb. 6: Forschungskolbenexpander am Dampfkreisprüfstand

Als Expansionsmaschine mit relativ einfachem Aufbau und kompakter Bauweise wurde eine Gleichdruckturbine (Curtis-Turbine) betrachtet (Abb. 5). Die Umwandlung der im Medium gespeicherten Energie in mechanische Energie erfolgt dabei über die Beschleunigung des Medienstroms in einer Lavaldüse auf Überschall und die Umlenkung der Strömung am Laufrad. Dabei wird die kinetische Energie der Strömung auf das Laufrad übertragen und kann so mechanisch genutzt werden. Die Einbindung der Gleichdruckturbine in die Simulationsumgebung erfolgte über analytisch ermittelte Leistungs- und Wirkungsgradkennfelder.

Ebenfalls analytisch berechnet wurde die zu erwartende mechanische Leistung des Kolbenexpanders. Dies geschah über die Berechnung des theoretischen inneren Kreisprozesses (Einlass, Expansion, Auslass und Rückverdichtung) und auf der auf Messdaten beruhenden Annahme der prinzipbedingten Verluste (Prozessabweichung, Wärmeverlust, BlowBy und mechanischer Verlust). Diese Annahme beruht auf Ergebnissen der Vermessung eines Forschungskolbenexpanders auf dem IAV-Dampfkreislaufprüfstand (siehe Abb. 6).

5 Optimierungspotenzial durch den Einsatz der Wärmeenergierekuperation

Die in Abschnitt 4 dargestellten Modelle und Erkenntnisse sind zur Ermittlung des Optimierungspotenzials in die Gesamtsystemsimulation eingeflossen. Mit dem so erweiterten Modell konnten die in Abschnitt 3 erwähnten Zyklen durchfahren und die durch die Wärmeenergierekuperation entstehenden Unterschiede herausgestellt werden. Alle Vergleiche wurden mit der identischen Wärmetauscherkonfiguration und Massenstromregelung durchgeführt. In Abb. 7 ist die relative Expanderleistung mit der hier gewählten WT-Konfiguration und der Temperaturregelung bezogen auf die Leistung des Verbrennungsmotors dargestellt. Deutlich wird, dass die Leistungsabgabe des Expanders mit zunehmender Leistung der VKM und der damit einhergehenden Erhöhung der Wärmeströme ansteigt.

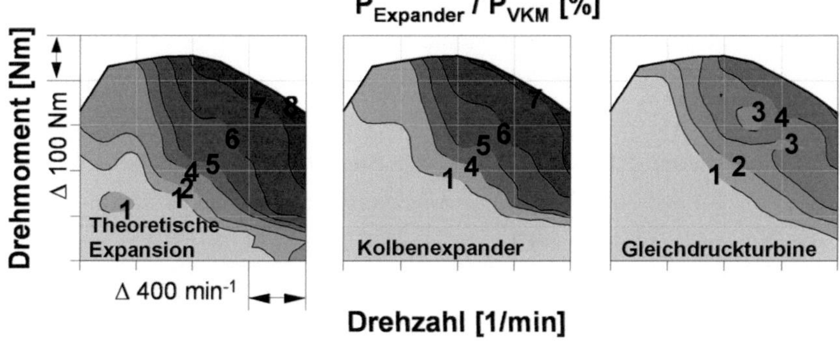

Abb. 7: Relative Expanderleistung bezogen auf die VKM Leistung – Darstellung im Leistungskennfeld der VKM

Der Kolbenexpander liegt bezüglich seiner Leistungsausbeute dicht an der theoretischen Expansion. Die sehr kompakte Gleichdruckturbine zeigt dagegen deutliche Unterschiede zu den zuvor genannten Expansionsarten und erbringt nur im oberen Drittel des Kennfeldes eine nennenswerte Leistung: Eine Optimierung auf einen eingeschränkten Betriebsbereich könnte hier noch zu einer Effizienzsteigerung führen.

Wie zuvor beschrieben, erfolgt die Simulation in drei unterschiedlichen Lastzyklen. Bei der Auswahl dieser Zyklen wurde darauf Wert gelegt, möglichst verschiedene Betriebszustände abbilden zu können. Der Zyklus Z1P bildet das Pflügen mit 100 % Motorlast ab. Dies bedeutet, dass sich die VKM im Volllastbetrieb befindet und der aktuelle Betriebspunkt vor allem von der Drückung und der Drehzahlabregelung bestimmt wird. Gäbe der Antriebsstrang mehr Leistung frei, z.B. durch die zusätzliche Rankine-Leistung, so ließe sich die Arbeitsgeschwindigkeit in gewissen Grenzen (Verschleiß am Gerät, Traktionsgrenzen, Arbeitsergebnis) steigern. Wenn es die Traktion zulässt, könnte alternativ auch eine größere Arbeitsbreite am Gerät gewählt werden. Der Zyklus Z2G gibt das Lastprofil beim Grubbern mit 60 % VKM-Auslastung vor. Die VKM befindet sich bei diesem Zyklus im mittleren Drehzahlbereich und erhöhter Teillast. Der dritte hier untersuchte Zyklus Z5M stellt das Mähen mit etwa 40 % VKM-Auslastung dar. Der Mähvorgang fordert bei mechanischer Ankopplung des Mähwerkes eine feste Solldrehzahl von der Zapfwelle. Für die betrachtete Schlepperanwendung mit Lastschaltgetriebe bedeutet dies ein hohes Drehzahlniveau der VKM im Teillastbereich.

In Abb. 8 sind die Auswirkungen des Einsatzes einer Rankine-Maschine aufgezeigt. Im oberen Teil des Diagrammes ist der Vergleich zum konventionellen System bei konstanter Geschwindigkeit dargestellt. Dieser Vergleich stellt die möglichen Kraftstoffeinsparungen bei gleicher Maschinenleistung dar. Deutlich wird, dass die Einsparungen von dem Betriebsbereich der VKM und damit von den Wärmeströmen sowie der Expansionsart abhängig sind.

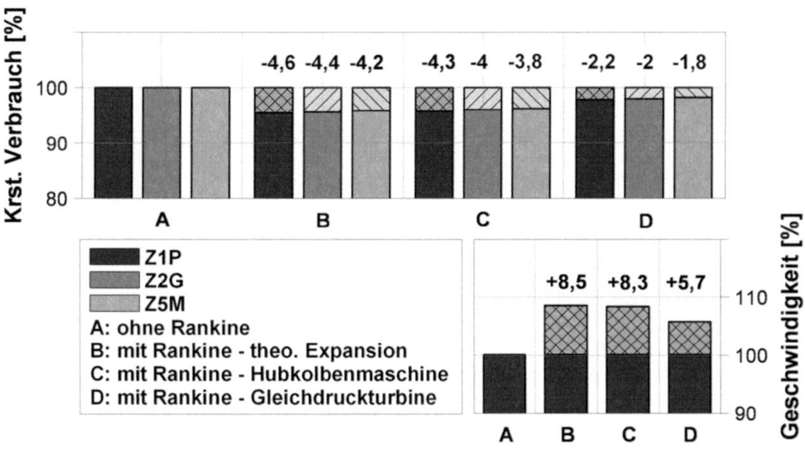

Abb. 8: Zyklusergebnisse mit Rankine-Maschine

Im Zyklus Z1P wird die Sollgeschwindigkeit nur selten erreicht. Daher kann die Rankine-Leistung nicht nur zur Kraftstoffeinsparung genutzt werden, sondern auch um die Geschwindigkeit und somit die Maschinenleistung zu steigern. Diese Gegenüberstellung ist im unteren Bereich der Abb. 8 aufgezeigt. Dadurch, dass die VKM weiterhin unter Volllast läuft, ergeben sich ideale Bedingungen für die Rankine-Maschine. Der Massenstrom und die Temperatur des Abgases sind maximal. Hinzu kommen Synergieeffekte, wie z.B. günstigere VKM-Drehzahlen, da andere Getriebeübersetzungen vorgewählt werden können.

6   Zusammenfassung und Ausblick

Dieser Beitrag stellt das Potenzial und die Grenzen der thermischen Rekuperation für mobile Arbeitsmaschinen dar. Dabei wird zum einen die AGR und zum anderen das Abgas vor der ANB als Wärmequelle genutzt. Die Entnahme von thermischer Abgasenergie erfolgt geregelt. Die Kondensation erfolgt mit Hilfe des Motorkühlwassers. Der durch die WT erhöhte Abgasgegendruck und die Kühlmehrleistung sind in der Studie berücksichtigt.

Das energetisch simulierte Modell einer realen Schlepperanwendung trifft die veröffentlichten Zyklusdaten der DLG sehr genau, wodurch die durchgeführte Gesamtsystemsimulation als sehr gut validiert angesehen werden kann. Der Vergleich der Arbeitszyklen mit und ohne Rankine-Maschine macht die Potenziale dieser Technologie deutlich. Wird die Maschinenleistung konstant gehalten, kann bei dieser Anwendung eine Einsparung im Kraftstoffverbrauch von 2-5 % erreicht werden. Wird die Rankine-Leistung zur Steigerung der Maschinengesamtleistung verwendet, ist das Potential durch Synergieeffekte deutlich größer. Der Einsatz einer Wärmeenergierückgewinnung lohnt sich also besonders, wenn die VKM im volllastnahen Bereich betrieben wird.

Für mobile Anwendungen sind vor allem die Systemkosten und der notwendige Bauraum wichtig. In Bezug auf den Bauraum wird es zukünftig darum gehen, das Rankine-System genau auf die Anwendungen auszulegen. Hierbei spielen nicht nur die Wärmetauscher eine entscheidende Rolle, sondern auch die Expansionsmaschine.

Die Wärmeenergierekuperation bietet bei Anwendungen mit einem durchschnittlich hohen Lastanteil gute Optimierungspotenziale in Bezug auf Kraftstoffverbrauch bzw. CO_2-Emission und die Gesamtmaschinenleistung. Hierdurch kann bei alternativen Antriebskonzepten wie z.B. Hybridanwendungen ein schnellerer „Return on Invest" realisiert werden.

Literaturverzeichnis

[1] T. Töpfer, P. Eckert, J. Seebode, K. Behnk: Energetische Gesamtfahrzeugsimulation als Werkzeug zur Entwicklung hybrider Arbeitsmaschinen. Tagungsbeitrag Hybridantriebe für mobile Arbeitsmaschinen, KIT Scientific Publishing, Karlsruhe, 2010.

[2] O. Degrell, T. Feuerstein: DLG-PowerMix – Ein praxisorientierter Traktorentest. Beschreibung zum Zyklus Teil I, Groß-Umstadt, 2005.

[3] P. Eckert, T. Töpfer, L. Henning, J. Seebode: Exhaust Emission Control and CO_2 Reduction on Combines and Tractor Implement Combinations. International Conference of Agricultural Engineering CIGR AgEng 2012, Valencia (Spain), 2012.

Modularer Simulationsbaukasten zur Potenzialabschätzung hydraulischer und hybrider Konzepte

Christian Scholler, Christian Schindler, Sebastian Pick, Steffen Müller

TU Kaiserslautern, Lehrstuhl für Konstruktion im Maschinen- und Apparatebau (KIMA), 67663 Kaiserslautern, Deutschland, E-Mail: scholler@mv.uni-kl.de

Kurzfassung

Vor dem Hintergrund der Reduzierung des Energiebedarfs von mobilen Arbeitsmaschinen wird in diesem Beitrag ein Ansatz zur Erstellung eines modular aufgebauten Simulationsbaukastens am Beispiel eines Mobilbaggers zur Potentialabschätzung hydraulischer und hybrider Systeme vorgestellt. Als Grundlage dient das aus der Systemtheorie bekannte Verfahren der Modulbildung, das auf die Problematik eines domänenübergreifenden Simulationsmodells übertragen wird. Im Speziellen wird auf den Aufbau des Gesamtmodells, die Modulbildung und die Schnittstellendefinition eingegangen.

1 Übergeordnetes Projekt

Das hier vorgestellte Thema ist Teil des Gemeinschaftsprojektes „Energie- und Ressourceneffiziente Mobile Arbeitsmaschinen" (ERMA) des Zentrums für Nutzfahrzeugtechnik (ZNT) an der TU Kaiserslautern. Ziel dieses Forschungsprojektes ist die Erforschung, Entwicklung und Bewertung energieeffizienter Konzepte und Technologien für mobile Arbeitsmaschinen. Gefördert wird das Projekt von der Stiftung Rheinland-Pfalz für Innovation.

2 Einleitung

Der Einsatz von innovativen, elektrischen und elektrohydraulischen Teilsystemen zur Senkung des Energieverbrauchs von mobilen Arbeitsmaschinen gewinnt immer mehr an Bedeutung. Vor allem in der frühen Entwicklungsphase ist es wichtig, in Betracht gezogene Teillösungen schnell und mit wenig Aufwand vergleichen zu können [1]. Im Zuge der virtuellen Produktentwicklung haben sich hierfür numerische Simulationen etabliert [2].

Werden jedoch neue Konzepte in ein bestehendes Simulationsmodell implementiert, so ist dies für gewöhnlich mit Änderungen in der Modellstruktur verbunden. Diese Änderungen sind häufig weitreichend und gerade bei der Erweiterung von rein hydraulischen Systemen um elektrohydraulische Komponenten oder rein elektrische Teilfunktionen sehr umfangreich, siehe Abb. 1. Als Resultat entstehen neue, eigenständige Simulationsmodelle, die zusätzlich durch unterschiedliche Parametrierung in verschiedenen Variationen vorliegen können. Dies hat zur Folge, dass mit wachsender Zahl der Konzepte die Anzahl der Simulationsmodelle und ihrer Varianten stark ansteigt. Bei einer großen Anzahl an Modellen ist die Pflege und Wartung nur mit hohem Aufwand möglich und die Vergleichbarkeit bei unterschiedlichen Simulationsmodellen generell nur eingeschränkt gegeben.

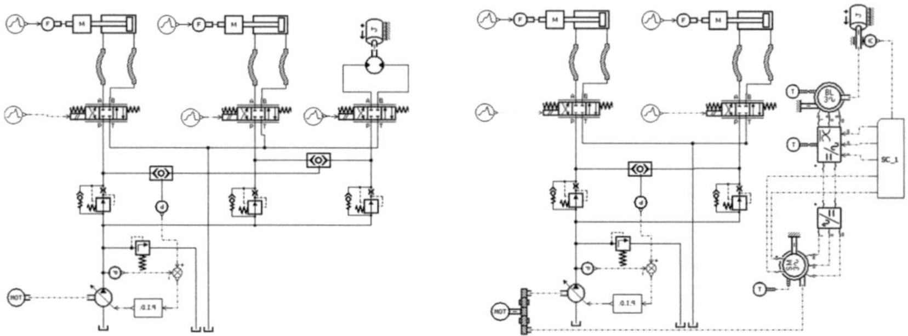

Abb. 1: Beispielhafte Strukturänderungen bei der Realisierung neuer Konzepte in der Simulation

Daher ist bei diesem Vorgehen nur der Vergleich von einigen wenigen Konzepten möglich, was für die Lösungsfindung in der frühen Phase des Produktentwicklungsprozesses, nicht immer ausreichend ist. Somit wird ein Ansatz notwendig, um die Anzahl, die Vielfalt und die Komplexität der

Modelle bei einer gleichzeitig hohen Anzahl an zu vergleichenden Konzepten zu beherrschen.

3   Modularer Systemaufbau

Als Lösung bietet sich ein modular aufgebauter Simulationsbaukasten an, in dem aus Bausteinen aufgebaute Teilsysteme in Form von Modulen in Bibliotheken abgelegt werden können. Durch die Wiederverwendbarkeit und die Austauschbarkeit der Module ist ein direkter Vergleich der unterschiedlichen Teillösungen einfach möglich. Zusätzlich lassen sich modulare Subkomponenten getrennt prüfen, was häufig zu einer Fehlerreduktion und einer erhöhten Stabilität des Gesamtsystems führt. [3]

Das Ziel ist es, das Simulationsmodell so weit zu modularisieren, dass für die Implementierung neuer Konzepte nur noch einzelne Module ausgetauscht werden müssen, ohne dabei die Modellstruktur zu ändern und so ein neues Modell zu generieren, siehe Abb. 2.

Die Begriffe Modul und Baustein bzw. Baukasten sind nicht scharf getrennt und in der Literatur unterschiedlich definiert. Für diesen Beitrag werden folgende Definitionen festgelegt:

Ein Baukasten ist eine Sammlung von Subsystemen (Bausteinen) mit oft unterschiedlichen Lösungen, die durch Kombination verschiedene Gesamtlösungen erfüllen. [4]

Ein Modul ist ein Subsystem, dessen interne Beziehungen sehr viel stärker ausgeprägt sind, als die Beziehungen zu anderen Subsystemen. [3]

Ergänzend sollen solche Bausteine als Subsysteme gelten, die eine geringe Anzahl an Grundfunktionen erfüllen, wobei Module als übergeordnete Gestaltungseinheiten eines Baukastens gesehen werden. Demnach werden Bausteine zu Modulen kombiniert, aus denen wiederum das Gesamtsystem erstellt wird.

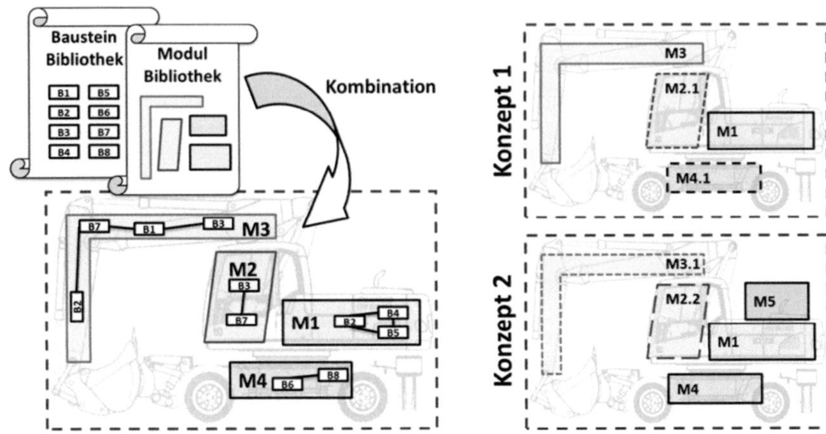

Abb. 2: Implementierung von Konzepten durch Austauschen und Hinzufügen von Modulen

In heutigen numerischen Simulationsprogrammen für hydraulische Systeme wie AMESim von LMS oder DSHplus von Fluidon werden diese Systeme grafisch durch Kombination von in Bibliotheken abgelegten Komponenten erstellt. Nach der oben genannten Baukasten-Definition liegt somit durch die Komponenten-Bibliotheken bereits eine Baukastenstruktur mit einem Grundbestand an Bausteinen (Komponenten wie Pumpe oder Ventil) vor, die zusätzlich durch eigene Komponenten erweitert werden kann.

Da die Baukastenstruktur bereits vorhanden ist, soll im Folgenden genauer auf die Bildung von Modulen eingegangen werden.

4 Allgemeine Modulbildung

Ein Vorgehen für die Bildung von Modulen wird in der Systemtheorie beschrieben: Ausgehend vom Gesamtsystem wird das System in Subsysteme zerlegt (Dekomposition). Diese Subsysteme können weiter auf tieferen Systemebenen bis zur kleinsten möglichen Einheit (Element) zerteilt werden. Zwischen den einzelnen Subsystemen herrschen Beziehungen (Interdepedenzen), die hinsichtlich Art, Intensität und Richtung klassifiziert werden können. Die durch dieses Vorgehen entstehende Systemarchitektur besteht insgesamt aus der hierarchischen Struktur und der Beziehungsstruktur. Ein Modul ist seiner Definition nach ein Subsystem, das nach innen hin stärkere Beziehungen besitzt als nach außen.

Allgemein kann davon ausgegangen werden, dass Subsysteme unterschiedliche Typen von Beziehungen (Dimensionen) besitzen, die sich überlagern und beeinflussen. Beispiele für verschiedene Dimensionen sind funktionale und physische Beziehungen zwischen Subsystemen wie Materialflüsse oder begrenzter Bauraum. Erweitert betrachtet ist ein Modul demnach ein Subsystem, dessen Beziehungen hinsichtlich aller Dimensionen nach innen hin stärker sind als nach außen, siehe Abb. 3. [3]

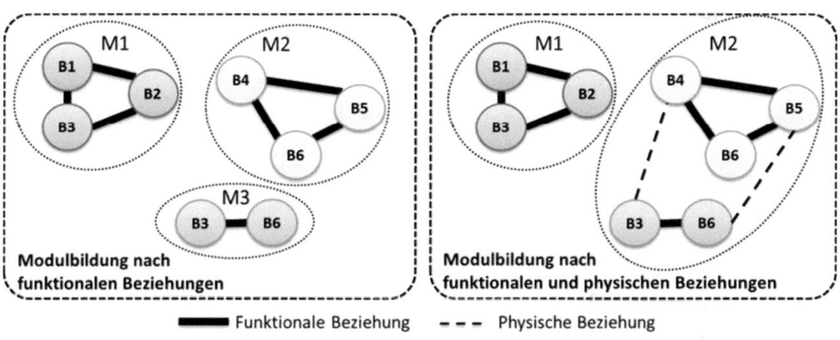

Abb. 3: Modulabgrenzung unter Berücksichtigung verschiedener Dimensionen

5 Unterschiede bei modularer Produkt- und modularer Softwareentwicklung

Bei der Anwendung der Theorie auf reale Probleme werden materielle Güter und immaterielle Güter (bspw. Software) hinsichtlich der zu berücksichtigenden Dimensionen unterschiedlich behandelt. Ein numerisches Simulationsmodell ist beiden Kategorien zuzuordnen, da es ein reales physisches Produkt mit seinen relevanten Eigenschaften virtuell in einer Software abbildet.

Bei materiellen Produkten und bei der Softwareentwicklung wird zunächst gleicherweise eine Funktionsstruktur erstellt und die funktionalen Beziehungen zwischen den Komponenten definiert. Bei materiellen Gütern wird die Art der Beziehung nach [4,5] in Stoff-, Energie- und Informationsfluss unterteilt, bei Software hingegen nach Datenabhängigkeiten [6]. Allerdings müssen bei der realen Umsetzung physischer Produkte zusätzlich die physischen Abhängigkeiten wie bspw. der Bauraum oder die Wärmeabstrahlung berücksichtigt werden, da diese ebenfalls einen maßgeblichen Einfluss auf die Modulbildung besitzen, siehe Abb. 3.

Neben den unterschiedlichen Dimensionen kann bei der Softwareentwicklung zumeist leichter modularisiert werden, da kaum materielle Kosten entstehen und Kopien in nahezu beliebiger Anzahl und ohne Qualitätsverlust erstellt werden können. Des Weiteren kann Software hinsichtlich der Moduldefinition freier gestaltet werden, da sie keinen physikalischen Abhängigkeiten unterliegt, sofern die Hardware auf der sie läuft vernachlässigt wird. [3,6]

6 Modularer Simulationsbaukasten für numerische Simulationen

Das Simulationsmodell soll so gestaltet werden, dass unterschiedliche Konzepte zur Optimierung des Energiebedarfs eines Baggers nur durch den Austausch von Modulen und ohne Veränderung der Modellstruktur implementiert werden können. Dazu wurden hinsichtlich der zu berücksichtigenden Dimensionen, der Gestaltung, der Schnittstellen und der Modellintegrität folgende Ansätze verfolgt:

Es ist sinnvoll, sich bei der Modellerstellung von der bisherigen modularen Aufteilung entlang der physischen Beziehungen zu lösen, da das Simulationsmodell nur reduzierten physischen Randbedingungen unterliegt. Ausgehend von dieser Überlegung kann die Modellstruktur neu definiert werden: Als Grundlage wird die Funktionsstruktur des physischen Produktes gewählt und die Stoff-, Energie- und Informationsflüsse in Datenabhängigkeiten übertragen. Um zu gewährleisten, dass die Modulbildung für die Implementierung verschiedenster Konzepte geeignet ist, wird die Konzeptabhängigkeit als zusätzliche Dimension eingeführt. Somit besitzen Subsysteme, die sich bei einem neuen Konzept gleichzeitig ändern, eine starke Beziehung zueinander. Damit sind bei der Modulbildung die funktionalen, datenabhängigen und konzeptabhängigen Beziehungen relevant, siehe Abb. 4.

Da die Implementierung von neuen Konzepten die Modellstruktur nicht verändern soll, werden den einzelnen Modulen feste Plätze zugewiesen und ihre Verbindung untereinander mittels der implementierten Schnittstellen als unveränderlich angesehen. Neue Konzepte werden durch Modifikation bestehender Module unter Verwendung der bestehenden Schnittstellen modelliert. Des Weiteren kann das Modell durch zusätzliche Module erweitert werden, indem ihnen ein fester Platz und eine feste Anbindung zugewiesen werden. Durch die feste Struktur des Gesamtmodells ergibt sich, dass die komplexeste Lösung die Modellstruktur vorgibt. Weniger komplexe Lösungen können durch Deaktivierung oder Überbrückung von nicht benötigten Modulen realisiert werden.

Die Schnittstellen werden analog zur Funktionsstruktur als Energie- und Informationsflüsse interpretiert. Da die Modellierung von Schnittstellen keine negativen Effekte hervorruft, werden zusätzlich zu den benötigten Schnittstellen weitere Arten von Schnittstellen hinzugefügt: Für die Energieübertragung zwischen den Modulen werden hydraulische und elektrische Schnittstellen parallel implementiert. Damit wird sichergestellt, dass sowohl hydraulische als auch hybride Konzepte realisiert werden können, ohne die Modellstruktur zu verändern. Des Weiteren sind an den Modulen freie Schnittstellen vorgesehen, die bei einer späteren Modellerweiterung als zusätzliche Ein- und Ausgänge zur Anbindung noch unbekannter Module dienen.

Um zu verhindern, dass nicht kompatible Module miteinander kombiniert werden, wird ein übergeordnetes Regelwerk benötigt. Dieses Regelwerk dokumentiert die vorhandenen Module, beschreibt deren Funktion und die Abhängigkeiten zu anderen Modulen. Dadurch wird die Modellintegrität sichergestellt.

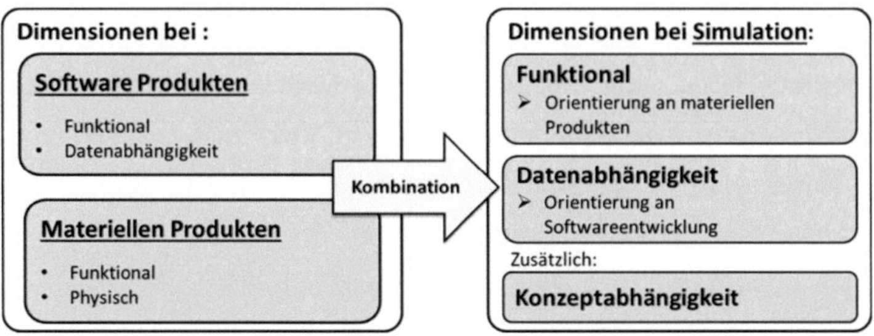

Abb. 4: Abgeleitete Dimensionen für die Modulerstellung in der Simulation

7 Randbedingungen und Einschränkungen

Bei der Modulbildung müssen allerdings mitunter folgende Punkte beachtet werden:

Das erstellte modulare Simulationsmodell ist grundsätzlich nur für den Anwendungszweck geeignet, für den es entworfen wurde. Ändert sich der Fokus, so muss untersucht werden, ob die Modulstruktur angepasst werden muss.

Bei der Modulerstellung müssen die Konzepte grob bekannt sein. Ansonsten können aufgrund unbekannter Beziehungen die Module nicht sinnvoll definiert werden.

Das Simulationsmodell besitzt nur eine begrenzte Lebensdauer. Diese wird durch die Anzahl der ungenutzten, freien Schnittstellen limitiert, mit denen neue Module an das System angebunden werden können. Sind diese freien Schnittstellen zu einem Zeitpunkt erschöpft, so muss das Modell teilweise oder sogar vollständig überarbeitet werden.

8 Anwendung auf das Beispiel Bagger

Der vorgestellte Ansatz wurde zunächst auf einen rein hydraulisch betriebenen Bagger angewendet. Die Elektrifizierung des Schwenkantriebes sowie eine zusätzlichen Rekuperationsfunktion werden als beispielhafte Konzepte gewählt und die Umsetzung im Folgenden beschrieben.

Eine Modulbildung nach physischen Gesichtspunkten, Abb. 5, würde den Aufwand zur Modellierung alternativer Baggerkonzepte deutlich erschweren, da beispielsweise schon die Elektrifizierung des Schwenkantriebes die Modellstruktur stark verändern würde.

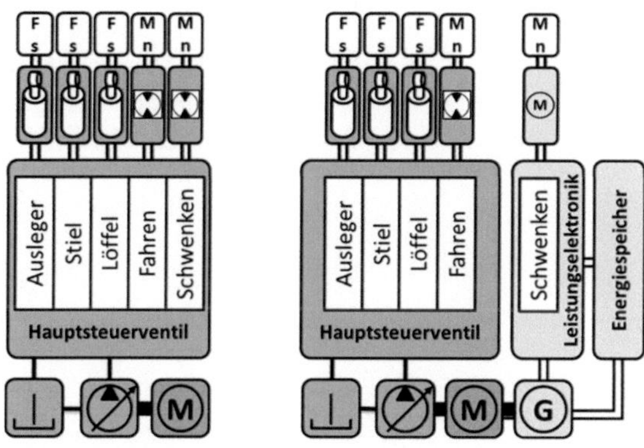

Abb. 5: Nachteilige Modularisierung nach physischen Beziehungen

Im Gegensatz dazu entsteht aus konzeptioneller Sicht eine günstigere modulare Aufteilung, Abb. 6. Diese Modulbildung bietet aufgrund des zentralen Versorgungsmoduls, das alle Pumpen, Generatoren und den Tank enthält, sowie der individuellen Module für jeden Verbraucher viele Vorteile. So kann ohne Veränderung der Modellstruktur der Schwenkantrieb elektrifiziert werden. Gleiches gilt für andere Konzepte wie den Mehrpumpenbetrieb. Die parallelen Schnittstellen für unterschiedliche Energieflüsse unterstützen dies. Auch kann durch das zentrale Kraft-Modul beispielsweise zwischen Messdaten und einer Co-Simulationsschnittstelle gewählt werden.

Die Implementierung der Rekuperationsfunktion wird mit Hilfe eines zusätzlichen Moduls unter Verwendung freier Schnittstellen realisiert. Durch diese ist die Zwischenspeicherung von Energie elektrisch oder hydraulisch möglich. Wird die Rekuperationsfunktion nicht benötigt, so wird das Modul durch ein leeres Modul ersetzt.

Die Modulbildung aus funktionaler und konzeptioneller Sicht ermöglicht es, verschiedenste Baggerkonzepte in einem Simulationsmodell miteinander zu vergleichen. Einzelne Konzepte haben hierbei einen geringen Einfluss auf die Struktur des Simulationsmodells, sondern im Wesentlichen nur noch auf die jeweils eingesetzten Module und deren Inhalte.

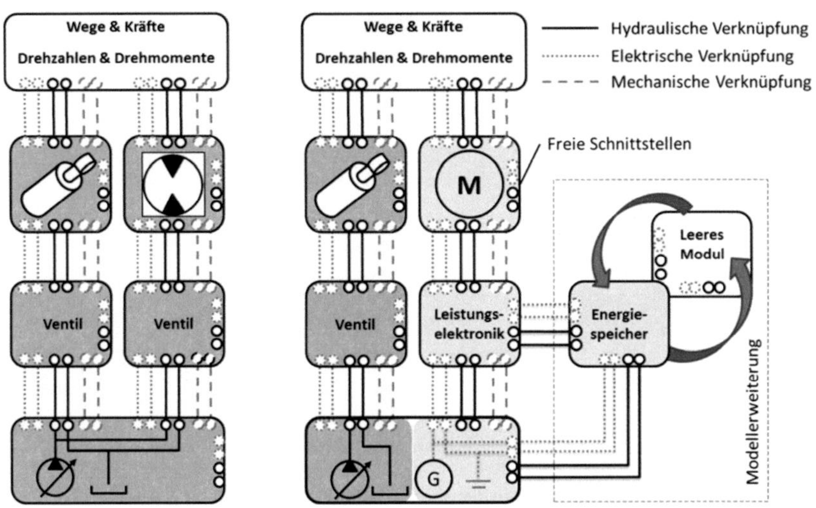

Abb. 6: Modulbildung nach konzeptabhängigen Beziehungen und neuen Konzepten

9 Zusammenfassung und Ausblick

In diesem Beitrag wurde ein Ansatz für einen modularen Aufbau eines Simulationsmodells zur Potenzialabschätzung unterschiedlicher Lösungen für ein technisches System vorgestellt und auf das Beispiel Bagger angewendet. Es konnte gezeigt werden, dass sowohl die Einführung konzeptabhängiger Beziehungen unabhängig vom physischen System, als auch die Verwendung erweiterter Schnittstellen einen vielversprechenden Ansatz zur einfachen Implementierung von neuen Konzepten darstellen.

Aufbauend auf dem vorgestellten Ansatz sind weiterführende Untersuchungen sinnvoll, beispielsweise hinsichtlich rechnergestützter Verfahren oder dem Einfluss der Unternehmensstruktur auf die Modulbildung.

Insgesamt wird deutlich, dass der modulare Aufbau eines Simulationsmodells ein großes Potenzial zur Bewertung von verschiedenen Konzepten zeigt. So können im Produktentwicklungsprozess frühzeitig viele Konzepte analysiert und im Anschluss objektiv miteinander verglichen werden.

Literaturverzeichnis

[1] U. Seiffert. Virtuelle Produktentstehung für Fahrzeug und Antrieb im Kfz, Vieweg+Teubner, 1. Auflage, 2008

[2] T. Töpfer. Energetische Gesamtfahrzeugsimulation als Werkzeug zur Entwicklung hybrider Arbeitsmaschinen, 3. Fachtagung Hybridantriebe für mobile Arbeitsmaschinen, Karlsruhe, 2011

[3] J. Göpfert. Modulare Produktentwicklung, Deutscher Universitätsverlag, 2. Auflage, 2009

[4] G. Pahl, W. Beitz. Konstruktionslehre, Springer, 7. Auflage, 2007

[5] C. Schindler. Der allgemeine Konstruktionsprozess. In: F. Rieg. Handbuch Konstruktion, Hanser Verl. München, 1. Auflage, 2012

[6] I. Sommerville. Software Engineering, Pearson Education Limited, 8. Auflage, 2007

Simulation zur Potenzialabschätzung eines elektrifizierten Geräteantriebs

Simulation for potential assessments of an electrified drive of an implement

Sebastian Tetzlaff, Mike Geißler, Pavel Osinenko

CLAAS Industrietechnik GmbH, 33106 Paderborn, Deutschland, E-Mail:Sebastian.Tetzlaff@claas.com, Telefon: +49(0)5251/705-5336

Kurzfassung

Mit Hilfe von Simulationen wird ein Systemvergleich zweier Antriebskonzepte für ein landwirtschaftliches Anbaugerät durchgeführt. Nach einer Beschreibung der Zielstellungen und Modellbildung wird die Gewinnung realitätsnaher Lastmodelle des Arbeitsprozesses dargelegt. Anhand von Simulationsergebnissen werden eine verbesserte Drehzahl- und Drehmomentgüte im elektrischen Antrieb nachgewiesen und noch vorhandene Defizite benannt.

Stichworte

Antriebskonzepte, Anbaugerät, Lastmodelle

1 Einführung

Elektrische Antriebe versprechen im Vergleich zu mechanischer Antriebstechnik zusätzliche Freiheitsgrade, eine erhöhte Flexibilität und erweiterte Funktionalitäten [1]. Die Erzielung von Kundennutzen ist ein wesentliches Akzeptanzkriterium und für die Hersteller das finale Ziel bei der Einführung und Implementierung der Technologie in ihre Produkte. Zum Nutzensnachweis sind einerseits die Darlegung von erforderlichen Aufwänden und andererseits die Beschreibung des erzielbaren Mehrwertes notwendig. Abhängig von der Wahl der Systemgrenze können diese Betrachtungen die gesamte Prozesskette umfassen.

2 Ausgangssituation und Zielstellung

Die Simulation stellt für den Nachweis des Nutzens ein adäquates Werkzeug im Rahmen der Produktentwicklung dar. Bereits in frühen Entwicklungsphasen lassen sich vielfältige Erkenntnisse gewinnen, wodurch Projekte beschleunigt und zielführender bearbeitet werden können. In Abb. 1 sind Teilschritte ersichtlich, die im zugrunde liegenden Elektrifizierungsprojekt angewendet werden.

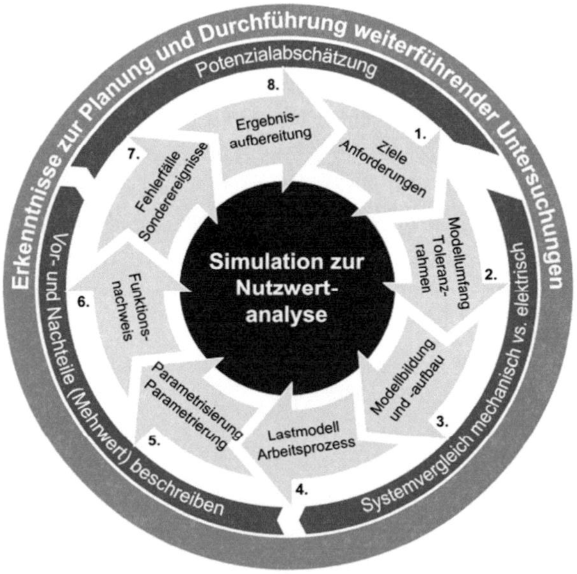

Abb. 1: Szenariokreislauf bei der Durchführung einer
Nutzwertanalyse mittels Simulation

Die Ringdarstellung verdeutlicht drei grundsätzliche Phasen (Tab. 1), die wiederum Bestandteile einer iterativen Gesamtumgebung sind.

1	Beschreibung einer Systemkonfiguration unter definierten Randbedingungen und Nachweis der grundlegenden Funktion
2	Theoretischer Vergleich verschiedener Systemkonfigurationen und verschiedener Antriebskonzepte
3	Ableiten von Eingangsgrößen für weitere Untersuchungen und Ausarbeitungen (z. B. Prüfstand und Funktionsmuster)

Tab. 1: Phasen bei der Nutzenbeschreibung mittels Simulation

Abhängig vom Untersuchungsziel können durch die Phasen zugleich Ausstiegsszenarien und Meilensteine gebildet werden. Gegenstand dieses Beitrages sind die ersten beiden Phasen.

Die weiteren Betrachtungen beschränken sich auf den Vergleich zwischen dem mechanischen Antrieb eines landwirtschaftlichen Anbaugerätes mit mehreren Funktionsantrieben und seiner elektrischen Variante. Eine Ausweitung auf hydraulische Antriebe muss die Analysen zu einem späteren Zeitpunkt vervollständigen. Effizienzbetrachtungen zur Maschinen- und Geräteelektrifizierung sind Bestandteil verschiedener Veröffentlichungen, z. B. [2], [3], [4], [5]. Im Rahmen dieses Beitrages stehen sie nicht im Mittelpunkt. Stattdessen bilden das Verhalten der Arbeitseinrichtungen und deren Antriebe unter Einwirken von Prozesslasten den Fokus. Mit der Simulation wird hierzu die Charakteristik des elektrischen Antriebs in Bezug auf die Antriebsaufgabe analysiert. Das mechanische System bildet die Referenz im Hinblick auf die Drehmoment- und Drehzahlgüte.

3   Modellbildung

In Tab. 2 sind die in den Simulationsmodellen berücksichtigten Baugruppen für die beiden Geräteantriebsstränge ersichtlich. Die Umsetzung erfolgt in MATLAB/Simulink unter Berücksichtigung der realen kinematischen, kinetischen und elektrischen Eigenschaften. Neben den eigentlichen Antriebssträngen besitzen die Modelle Blöcke für Ein- und Ausgaben.

Baugruppe für	Mechanisch	Elektrisch
Leistungsbereitstellung	Dieselmotor, Zapfwelle und Freilauf	Generator und Gleichrichter
Leistungsübertragung und -wandlung	Gelenkwellen, Verteil- und Übersetzungsgetriebe, Überlastsicherungen	Hochvoltzwischenkreis, gekoppelte Wechselrichter, E-Maschinen
Leistungsverwertung	Massenträgheitsmomente der Funktionsantriebe, äußeren Lasten in Form von Lastmodellen	

Tab. 2: Baugruppen der Simulationsmodelle des Anbaugerätes

Im mechanischen System mit starren Übersetzungsverhältnissen ist die Zapfwellendrehzahl proportional zur Arbeitsdrehzahl der Funktionseinrichtungen. Der antreibende Dieselmotor ist als erweitertes Kennfeldmodell mit einem Verzögerungsglied und einer Ersatzzeitkonstante zur Berücksichtigung der Systemdynamik aufgebaut, vgl. [6]. Im elektrischen System entspricht die Eingangsdrehzahl der Nenndrehzahl des Generators und wird als starr angenommen. Die Vereinfachungen sind zweckmäßig, da der Gleichspannungszwischenkreis den elektrischen Antriebsstrang vom Dieselmotor entkoppelt und somit die wesentliche Systemdynamik im Zwischenkreis stattfindet. Für eine Einschätzung der Verhaltenscharakteristik des elektrischen Geräteantriebes ist eine komplexere Modellierungstiefe, auch zugunsten der Rechenzeit, somit nicht notwendig, Vgl. Abb. 2b.

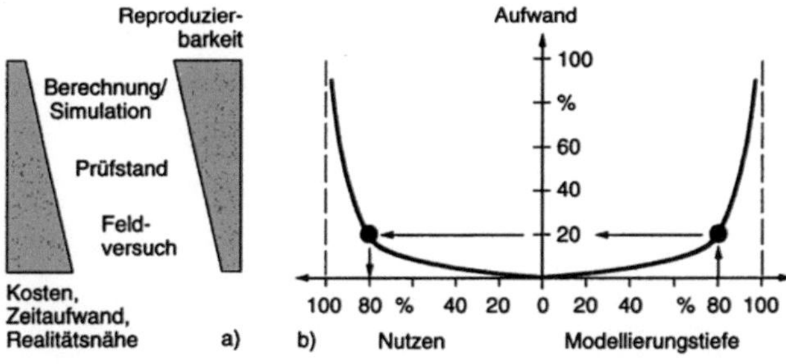

Abb. 2: Das Pareto-Prinzip - Wechselwirkungen zwischen
Modellierungstiefe, erforderlichem Aufwand und erzielbarem
Nutzen [7]

4 Definition und Identifikation von Lastmodellen

Für die Simulation werden realitätsnahe Lastbeschreibungen relevanter
Einsatzszenarien als Eingangssignale benötigt. Das Lastdrehmoment an den
Arbeitseinrichtungen setzt sich dabei aus zwei Teilen zusammen. Zum einen
resultiert es aus der eigentlichen Prozesslast, dem Kontakt mit dem Erntegut.
Zum anderen werden frequenzabhängige Störungen in den Antrieb eingelei-
tet, die aus dem konstruktivem Aufbau und der Kinematik der Funktionsor-
gane selbst resultieren. Zur Identifikation der Lasten wurden mit dem mechanischen Referenzgerät Messfahrten im Feld unternommen und der zeitliche
Drehzahl- und Drehmomentverlauf an den verschiedenen Funktionselemen-
ten aufgezeichnet. Unter Variation des Prozesslayouts und von konstruktiven
Geräteparametern wurden neben typischen Einsatzprofilen (bspw. in Abb. 3
für die Drehzahl) auch Extremsituationen bewusst provoziert, um Überlas-
tungs- und Missbrauchsfälle charakterisieren zu können.

Aus den so gewonnenen Datensätzen für Drehzahl und Drehmoment werden Anfahr- und Auslaufvorgänge gelöscht. Sie sind zwar für die Auslegung
des elektrischen Antriebes von Relevanz, nicht jedoch um das Verhalten im
nominalen Betrieb abzubilden. Die Datensätze unterliegen des Weiteren einer
Reihe von stochastischen Einflüssen. Um Störungen infolge von Unwägbar-

keiten (instationäre Dynamik), etwa durch Steine, Hangneigung und signifikante Änderungen der Bodenverhältnisse, gezielt in das Modell einprägen zu können, werden polynomiale Trends außerhalb eines definierten Toleranzrahmens eliminiert. Ein positiver Nebeneffekt hiervon ist eine Reduzierung der Rechenzeit durch die geringere Anzahl von Unstetigkeiten.

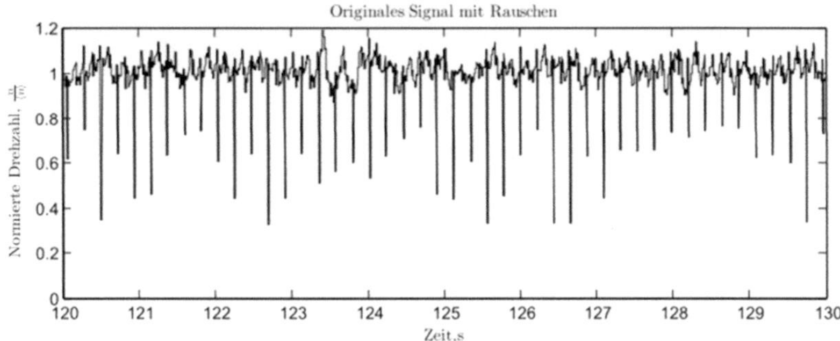

Abb. 3: Gemessener Drehzahlverlauf am Arbeitsorgan des Anbaugerätes (Wavelet-gefiltert, auf Solldrehzahl normiert)

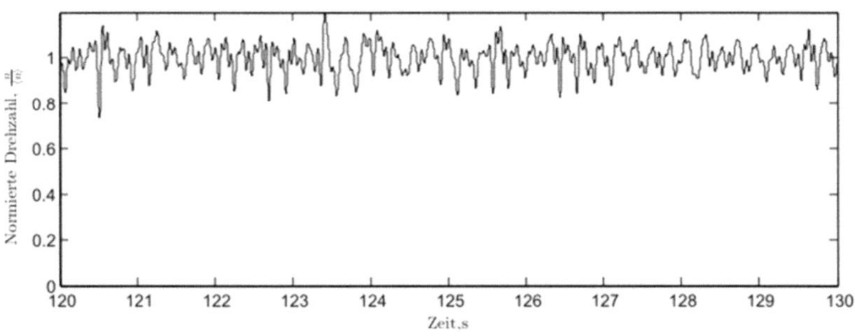

Abb. 4: Gemessener Drehzahlverlauf am Arbeitsorgan des Anbaugerätes (verrauscht und ungefiltert, auf Solldrehzahl normiert)

Im Weiteren werden die verrauschten Messdaten mit Hilfe von Wavelet-Näherungen unter Nutzung der Funktionen von Meyer gefiltert [8]. Abb. 4 zeigt das zu Abb. 3 zugehörige gefilterte Drehzahlsignal. Eine Berücksichtigung des Messrauschens durch Mehrfachmessungen ist zwar wünschenswert, jedoch praktisch nicht möglich, da im Feld nie gleiche Verhältnisse vorliegen und somit die Reproduzierbarkeit der Messfahrten nicht hinreichend gewährleistet werden kann, siehe auch Abb. 2a.

Von großer Bedeutung für die Simulation ist, dass die Messdaten mit dem mechanischen Gerät gewonnen wurden. Eine Analyse der auf die Antriebsfrequenz bezogenen Lastamplituden (spektrale Drehmomentdichte der gefilterten Signale) offenbart, dass scheinbar mehrere Frequenzen den Eingriff in das Erntegut kennzeichnen, Abb. 5.

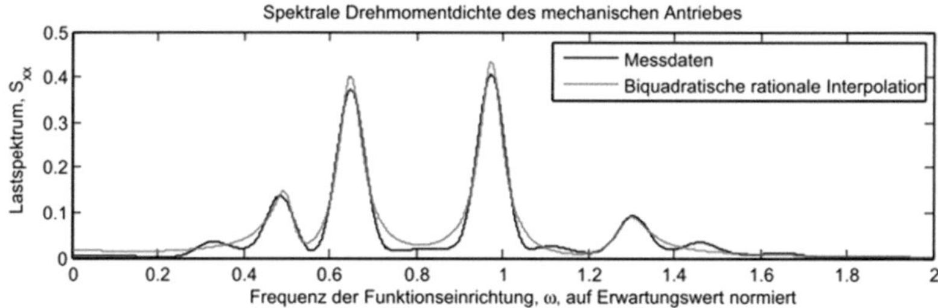

Abb. 5: Drehmomentspektrum (mechanischer Antrieb, normiert)

Tatsächlich jedoch resultiert ein Teil der signifikanten Überhöhungen aus Schwingungsphänomenen des mechanischen Antriebes. Die Anregungen lassen sich rechnerisch identifizieren und werden gefiltert. Im Modell des mechanischen Systems sind sie durch die Berücksichtigung der Bauteilgeometrien und -kinematiken enthalten.

Mit den statistischen Parametern (Mittelwert und Standardabweichung) der Wavelet-gefilterten Drehmomente und ihrer Spektraldichten sind die Charakteristiken der real wirkenden äußeren Lasten vollständig beschrieben. Sie werden den Simulationsmodellen nach der in [9] beschriebenen Methode durch weißes Rauschen (gesamtes Lastspektrum, Spektraldichte = konst.) und nachgesetzten Filtern (frequenzabhängige Last, Spektraldichte $\neq$ konst.) zum Eliminieren nicht repräsentativer Lastamplituden an der Rotationsachse des Arbeitsorgans aufgeprägt. Die Spektraldichten werden hierzu durch eine biquadratische rationale Interpolation (Vgl. Abb. 5) mathematisch angenähert, um Übertragungsfunktionen für die Filter berechnen zu können.

5 Ergebnisse der Simulation

Die Realitätsnähe beider Simulationsmodelle kann unter Einbezug der Lastmodelle bestätigt werden. Wie Abb. 6 und Abb. 7 (gleiche Solldrehzahl und äußere Last) zeigen, entsprechen die Drehzahlschwankungen den realen Verhältnissen (Vgl. Abb. 4).

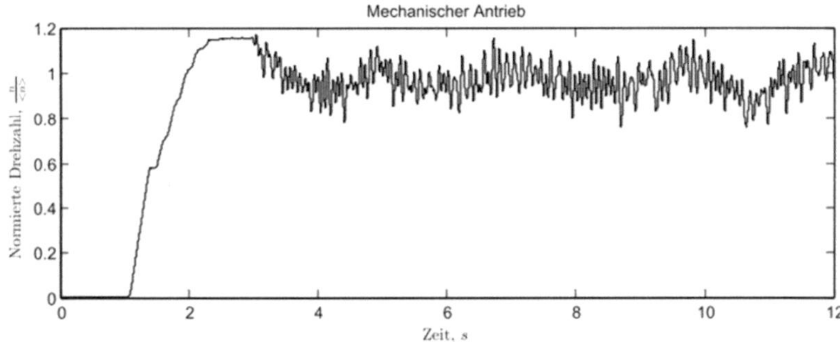

Abb. 6: Simulierter Drehzahlverlauf des Arbeitsorgans unter Last (mechanischer Antrieb, auf Solldrehzahl normiert)

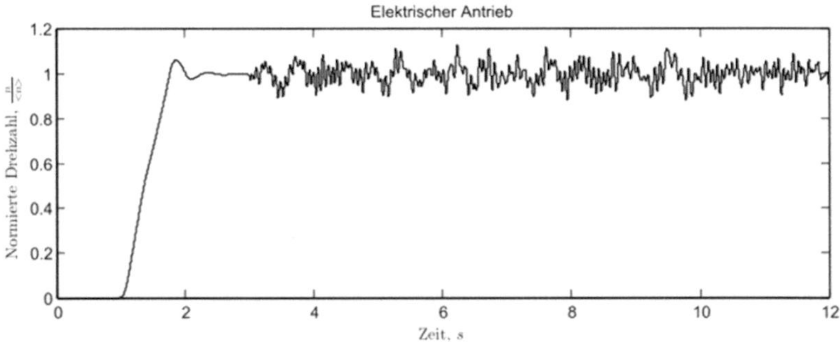

Abb. 7: Simulierter Drehzahlverlauf des Arbeitsorgans unter Last (elektrischer Antrieb, auf Solldrehzahl normiert)

Die geringfügig höherfrequenten Schwingungen, als auch die überlagerte Grundschwingung im mechanischen Antrieb, sind systembedingt. Durch starr miteinander verbundene Teilantriebe, die in der Simulation alle mit einer Prozesslast beaufschlagt sind, kommt es zu gegenseitigen Rückkopplungen. Weiterhin ist ein Drehzahleinbruch beim Zuschalten der Last ($t = 3\mathrm{s}$) erkennbar. Der Dieselmotor schafft es nicht, die Störungen vollständig auszuregeln. Um die Prozessdrehzahl dennoch einzuhalten, wird die Leerlaufdrehzahl entsprechend höher angesetzt. Im elektrischen System bewirkt die Entkoppelung der Teilantriebe über den Gleichspannungszwischenkreis im nominellen Betrieb weniger Schwingungen der Drehzahl. Eine überlagerte Grundschwingung ist, ebenso wie ein Drehzahleinbruch beim Zuschalten der Last (wiederum an allen Antrieben), nicht erkennbar. Vom Generator können die Lastspitzen schnell abgefordert werden, wodurch die Solldrehzahl sicher erreicht wird und die notwendigen Regelamplituden des Antriebsmomentes kleiner sind, Abb. 8 und Abb. 9.

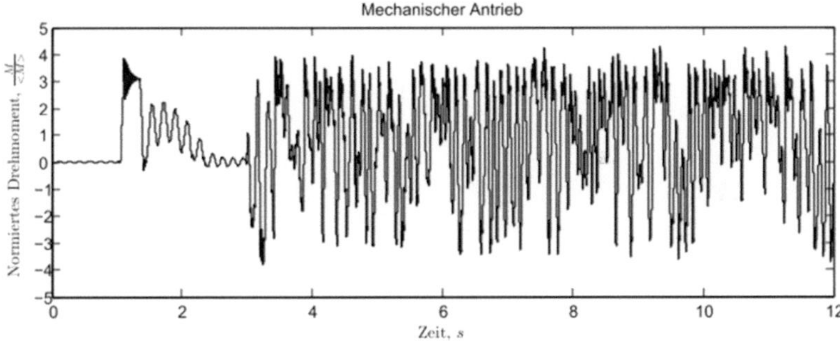

Abb. 8: Zu Abb. 6 zugehörige Antriebsdrehmomente (auf Mittelwert des äußeren Lastkollektivs normiert)

Mit Verweis auf die Randbedingung der konstanten Generatordrehzahl, dürfte der gezeigte Unterschied in der Realität etwas geringer ausfallen, da der vom Dieselmotor angetriebene Generator bei Leistungsabforderungen einer Drehzahländerung mit Auswirkungen auf die Zwischenkreisspannung unterliegen wird. Dennoch ist eine verbesserte Drehzahlgüte im Antrieb zu erwarten.

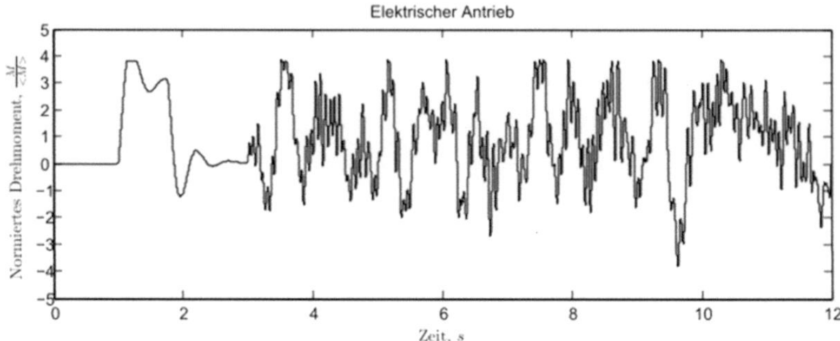

Abb. 9: Zu Abb. 7 zugehörige Antriebsdrehmomente (auf Mittelwert des äußeren Lastkollektivs normiert)

Weitere Simulationen zeigten, dass es trotz der erreichten Verbesserungen weiterer Optimierungen bedarf. Dies betrifft neben dem Aspekt, dass eine größere Drehzahlsteifheit eine weitere Lastkompensation zur Folge haben könnte, v. a. Situationen, in denen sich ein Teil der Funktionselemente im lastfreien Leerlauf befindet. Aufgrund ihrer Funktionskinematik unterliegen auch diese einer Drehzahlstörung. Wegen der fehlenden Vorspannung (äußere Last) ist die Motorauslastung bislang höher als im nominellen Betrieb.

Literaturverzeichnis

[1] Herlitzius, Th.; Aumer, W.; Geißler, M.: Potential and challenges evolving from Hybridization of mobile Machines shown on Examples of agricultural Machines and Implements, Seminar MobilTron 2010, Mannheim, 13./14. Oktober 2010, Vortrag

[2] Hahn, K.: Einsatzmöglichkeiten elektrischer Antriebe für landwirtschaftliche Maschinenkombinationen, Universität Hohenheim, Dezember 2010, Dissertation

[3] Wöbcke, S.; Lindner, M.; Herlitzius, Th.: Systemvergleich zwischen elektrischem und hydraulischem Fahrantrieb einer selbstfahrenden Erntemaschine, Conference Agricultural Engineering, Karlsruhe, 06./07. November 2012, Tagungsbeitrag, S. 321–328

[4] Weinmann, O.; Götz, M.; Wessels, T. Rahe, F.: Elektrifizierung eines Traktors mit Anbaugerät, Conference Agricultural Engineering, Karlsruhe, 06./07. November 2012, Tagungsbeitrag, S. 45–50

[5] Gallmeier, M.: Vergleichende Untersuchungen an hydraulischen und elektrischen Baugruppenantrieben für landwirtschaftliche Arbeitsmaschinen, TU München, April 2009, Dissertation

[6] Mayer, Th.: Modellierung und Regelung des Autarken Hybridfahrzeugs, TU München, Juni 1998, Dissertation

[7] Lechner, G.; Naunheimer, H.: Fahrzeuggetriebe – Grundlagen, Auswahl, Auslegung und Konstruktion, Springer-Verlag, Berlin, 1994, ISBN 3-540-57423-9

[8] Bergh, J.; Ekstedt, F.; Linderberg, M.: Wavelets mit Anwendungen in Signal- und Bildverarbeitung, Springer-Verlag, Berlin, 2007, ISBN-13 978-3540490111

[9] Osinenko, P.: Entwicklung der Simulationsmethode von Eingabesignalen eines mehrachsigen Traktors, Automatisierung und Informationstechnik für industrielle Verfahren in der Landwirtschaft; 11. internationale wissenschaftlichen Konferenz, Uglitsch, 14./15. September 2010, Tagungsbeitrag, S. 284–291 Iswestija-Verlag, Moskau

Betrachtung der Hybridisierung und Elektrifizierung mobiler Arbeitsmaschinen

Erkenntnisse aus Fahrzeugversuchen und theoretischen Untersuchungen

Dipl.-Ing. Kazutaka Iuchi, Dr. Manuel Götz,

Dipl.-Ing. (FH) Udo Brehmer, Dipl.-Ing. Lukas Jaeger

ZF Friedrichshafen AG; Vorentwicklung, Konstruktion;

Off-Highway Graf-von-Soden-Platz 1 88046 Friedrichshafen;

E-Mail: kazutaka.iuchi@zf.com

Kurzfassung

Durch die Einführung der neuen Abgasvorschriften Tier4-interim (Tier4i) und Tier4-final (Tier4) wächst die Bedeutung von Abgasnachbehandlungssystemen für Arbeitsmaschinen. Hybridtechnologien und deren Möglichkeiten zur Betriebspunktverschiebung können die Emissionen und die Wirksamkeit des Abgasnachbehandlungssystems beeinflussen. Mithilfe von Simulationsmodellen können die Einflüsse der Hybridtechnologie und deren Fahrstrategien auf das Abgasnachbehandlungsmodell dargestellt und analysiert werden. Neben Dieselverbrauch kann durch eine optimierte Hybridstrategie auch der AdBlue-Verbrauch des SCR-Systems gesenkt werden.

Im ersten Teil dieser Veröffentlichung wird ein Simulationsmodell der ZF Friedrichshafen AG vorgestellt das es ermöglicht sowohl den Diesel- als auch den AdBlue-Verbrauch im Gesamtfahrzeugsimulationsmodell zu berechnen. Des Weiteren sind Vorgehensweise zum Abgleich mit Messungen sowie die angewendete Maschinenmodellerstellung dargestellt.

Im zweiten Teil werden die Ergebnisse aus dem Projekt „ElecTra" vorgestellt, in dem ein Prototyp eines elektrifizierten Traktors mit einer elektrifizierter Einzelkornsämaschine aufgebaut und im Feld getestet wurde. Nach einer kurzen Beschreibung der Projektziele und des Systemaufbaus werden die Ergebnisse der Versuche mit der Traktor-Anbaugerät Kombination dargestellt.

Stichworte

Simulation, Hybrid, Elektrifizierung, Baumaschine, Landmaschine, Anbaugerät, Tier4, Emissionen, Abgasnachbehandlung, Kraftstoffverbrauch

1   Einleitung

In der Arbeitsmaschinenbranche wurden in den letzten Jahren unterschiedliche Konzepte und Prototypen von Hybrid- und Elektrosystemen für die unterschiedlichsten Fahrzeuge untersucht und vorgestellt. Bei der Suche nach einer geeigneten Applikation hat sich eine umfassende simulative Gesamtfahrzeuguntersuchung als unverzichtbar dargestellt, da Arbeits-maschinen sehr vielfältig und für unterschiedlichste Arbeiten eingesetzt werden. Aus Prototypfahrzeugen gewonnene Erkenntnisse und Erfahrungen und der Abgleich mit den Simulationsergebnissen sind dabei ein wichtiger Bestandteil aktueller Untersuchungen. In dieser Veröffentlichung soll die Wichtigkeit der Gesamtsystembetrachtung an zwei Beispielen im Bereich der Hybridsimulation und des Prototypversuchs dargestellt werden.

2   Abgasvorschriften für mobile Arbeitsmaschinen und die Bedeutung dieser für Hybridfahrzeuge

Die strenge Gesetzgebung in der Europäischen Union bezüglich der Abgasrichtlinien gibt immer ambitioniertere Emissionsgrenzen vor, welche allein durch innermotorische Maßnahmen nicht mehr zu erreichen sind. Aufgrund der neuen Abgasvorschriften Tier4i und Tier4 müssen in das komplexe System der Arbeitsmaschinen zusätzlich Abgasnachbehandlungssysteme integriert werden. Abb. 1 stellt die für Arbeitsmaschinen aktuell und zukünftig gültigen Grenzwerte sowie die dazugehörigen Testzyklen dar, bei denen diese Werte eingehalten werden müssen.

Im Fokus der in Folge beschriebenen Untersuchungen bei ZF stand die Betrachtung des Arbeitsmaschinen-Gesamtsystems der Fahrzeuge mit Tier4 Motoren, also unter Berücksichtigung der für diese Abgasnorm erforderlichen Abgasnachbehandlungssysteme. Derzeit im Einsatz befindliche Hybrid-

Betriebsstrategien berücksichtigen ausschließlich den Dieselverbrauch der Fahrzeuge bei der Bestimmung des optimalen Betriebspunktes. Mittels einer umfangreichen Streckensimulation, welche ein detailliertes Tier4-Verbrennungsmotormodell und Modelle zur Abgasnachbehandlung beinhaltet, ist ZF in der Lage, zusätzlich AdBlue-Verbrauch zu simulieren. So konnte die Untersuchung des Einflusses der Hybridstrategie auf das Abgasnachbehandlungssystem durchgeführt werden.

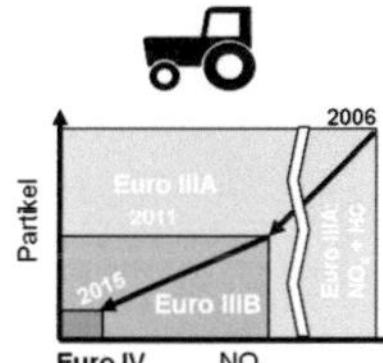

Arbeitskraft-maschinen*	NO_x [g/kWh]		PM [g/kWh]		HC [g/kWh]		CO [g/kWh]	
Testzyklus	NRTC	NRSC	NRTC	NRSC	NRTC	NRSC	NRTC	NRSC
Euro IIIB Tier4interim	2,0	2,0	0,025	0,025	0,19	0,19	3,5	3,5
Euro IV Tier4final	0,4	0,4	0,025	0,025	0,19	0,19	3,0	3,0

*130-560 kW

Abb. 1: Grenzwerte und Testzyklus für Arbeitsmaschinen

3 Simulationsumgebung: Ganzheitliche Bewertung von Hybridbetriebsstrategien

Das Gesamtfahrzeugsimulationsmodell besteht aus verschiedenen Einzelkomponenten, deren Steuergrößen über ein Bussystem miteinander kommunizieren. Das bei der ZF entwickelte und in Folge beschriebene Simulationsmodell lässt sich mit Verbrennungsmotor, Getriebe-, Hybrid- und Abgasnachbehandlungsmodell in vier Hauptmodelle aufteilen. Komponenten mit direkter Abhängigkeit voneinander, wie beispielsweise Motor und Getriebe, sind direkt miteinander verbunden. Die abgebildeten Hauptkomponenten des hier beschriebener Simulationstools für die Unter-suchung von hybridisierten Arbeitsmaschinen werden im Folgenden kurz erläutert.

Verbrennungsmotormodell: Die Grundlage für das bei ZF entwickelte Verbrennungsmotormodell ist ein Mittelwertmodell. Eingangsgrößen sind Kennfelder, abhängig von Last und Drehzahl, gängiger verbrennungsmotorischer Größen. Aus Gründen der Rechenzeit werden keine arbeitsspielaufgelösten Motorprozessrechnungen oder gar eine 3-D Berechnung der Zylinderinnenströmungen durchgeführt. Das instationäre Motorverhalten ist durch halbempirische Zusammenhänge abgebildet. Ein Vergleich mit einer Messung bestätigte, dass mit dieser Methode eine gute Aussage bzgl. der Rohemissionen der Verbrennungsmotoren getroffen werden konnte (Abb. 2).

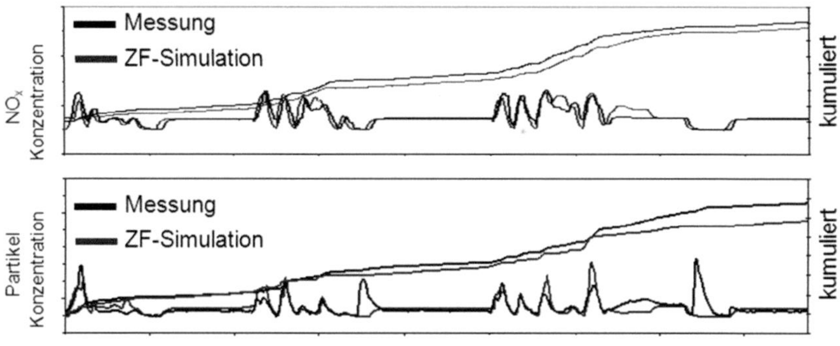

Abb. 2: Vergleich simulierte/gemessene Rohemission [2]

Abgasnachbehandlungsmodell: Für die Untersuchung des Tier4-Fahrzeuges wurde ein Abgasnachbehandlungssystem bestehend aus Diesel-Oxidations-Katalysator (DOC), Diesel-Partikel-Filter (DPF) und selektiv katalytischem Reduktionskatalysator (SCR) abgebildet. Aufgrund der Zertifizierung der Motoren von Arbeitsmaschinen einzeln auf Prüfständen, wurde eine Prüfstandsumgebung im Simulationstool nachgebildet, um die Zertifizierungszyklen der Motoren simulieren zu können. Da ZF über ein Tier4-Verbrennungsmotormodell verfügt, welches Rohemissionen eines Abgasnorm-Zyklus ausreichend genau darstellen kann, ist das Abgasnachbehandlungssystem so dimensioniert, dass die Endemissionen der gesetzlichen Grenzwerte der Abgasnorm-Zyklen (Abb. 1) eingehalten werden. Davon ausgehend wird der NRTC-Emissionstest mit veränderter Volllastkennlinie für die Baumaschine überprüft und Anpassungen der Abgasnachbehandlung vorgenommen.

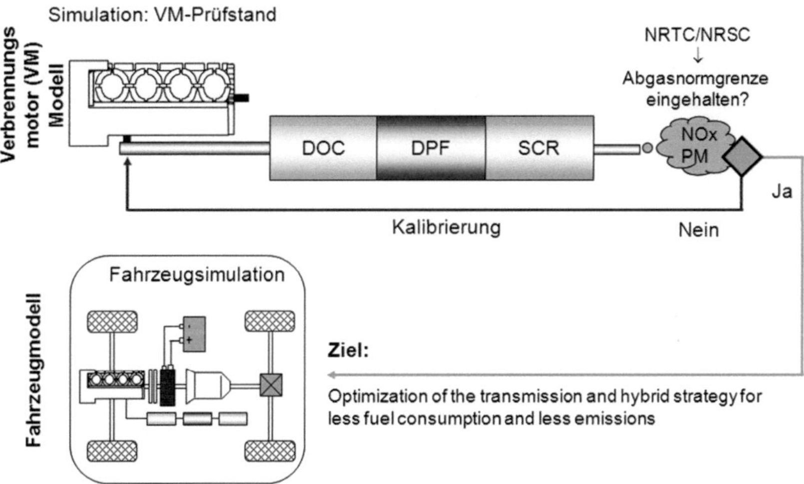

Abb. 3: Vorgehen bei der Simulation bzgl. der Abgasnachbehandlung

Getriebe-/Hybridmodell: Im Getriebemodell wird von der Strategie ein Gang gewählt und festgelegt. Die Strategie steuert ebenso den Elektromotor, die Wandlerkupplung und die Hydraulikpumpe je nach Getriebetechnologie. Die errechneten Getriebeausgangsgrößen werden an das Fahrzeugmodell übergeben. Das Fahrzeugmodell überträgt die Getriebedrehzahl und das Getriebemoment über das Achsmodell an die Reifen. Anhand der Fahrwiderstände an den Rädern wird die Fahrzeug-Ist-Geschwindigkeit errechnet und dem Fahrerregler zur Verfügung gestellt. Im Hybridmodell sind zusätzlich zum Elektromotor, welcher im Getriebe integriert ist, noch die Batterie, die zugehörige Leistungselektronik und die elektronischen Nebenverbraucher abgebildet. Die Batterie spielt dabei eine entscheidende Rolle, da sie in Verbindung mit dem Elektromotor steht und ihr Ladezustand direkt Einfluss auf die gesamte Betriebsstrategie hat. Es wurde ein von der ZF entwickelte

Tool zur Generierung einer Hybrid-Betriebsstrategie für verschiedenste Fahrzeuge genutzt. Das ZF-Tool nutzt die Motorkennfelder des Elektro- und Verbrennungsmotors sowie deren jeweiligen Volllastkennlinien als Eingangsgrößen. Aus diesen Informationen generiert das Tool die mehrdimensionale Hybridstrategie mit Momentenverteilungs- und Schaltstrategie-Kennfeldern. Die Strategie legt fest, zu welchem Zeit- bzw. Betriebspunkten die hybride Fahrweise sinnvoll ist und wie die Momentaufteilung zwischen. Verbrennungs- und Elektromotor auszusehen hat. Dazu wird der Fahrzeugzustand analysiert und die jeweiligen Lastanforderungen betrachtet. Es wird eine Bewertung anhand von Wirkungsgradkennfeldern zugrunde gelegt. Darauf basierend wird die Entscheidung getroffen, wie der hybridisierte Antriebsstrang optimal zu betreiben ist.

4 Erkenntnisse aus der Simulation

Basierend auf dieser Simulationsumgebung von ZF wurden Untersuchungen für eine mobile Arbeitsmaschine durchgeführt. Abgebildet wurde ein Baumaschinenfahrzeug mit einem Tier4-Verbrennungsmotor mit zwölf Litern Hubraum. Die Einhaltung der Emissionsgrenzen wurde durch DOC, DPF und SCR realisiert und durch den Einsatz der Parallelhybridtechnologie unterstützt. Die elektrische Maschine in diesem Hybridsystem wurde zwischen Verbrennungsmotor und Getriebe platziert. Das Fahrzeug wurde auf unterschiedlichen Zyklen simuliert, die aus realen gemessenen Strecken abgeleitet sind. Dabei wurden unterschiedliche Arbeitszustände untersucht. Da die Ergebnisse einer Simulation von Randbedingungen wie gefahrene Zyklen, Stillstandzeit, Arbeitszustand, Fahrzeugeigenschaften usw. stark abhängen, ist für eine fundierte Bewertung der Ergebnisse eine detaillierte Beschreibung dieser Randbedingungen erforderlich. Diese Veröffentlichung konzentriert sich deshalb auf prinzipielle Aussagen, auf eine detaillierte Beschreibung der genannten Randbedingungen wird nicht näher eingegangen. Die hier beschriebenen und aus der Simulation gewonnenen Erkenntnisse sind allgemein auf Tier4-Fahrzeuge übertragbar.

Die Simulationsergebnisse haben gezeigt, dass bei Einsatz einer Standard-Hybridstrategie bei der simulierten Tier4-Baumaschine deutliche Verbrauchs- und Emissionsvorteile erzielt werden können. Da die simulierte Hybridstartegie nur auf den Dieselverbrauch eines Tier3/Tier4i Motoren hin optimiert wurde, hat sich jedoch ein Mehrverbrauch von AdBlue ergeben. Dadurch wurde bei den Verbrauchskosten, welche sich aus Diesel- und AdBlue-Verbrauch zusammensetzen, durch AdBlue-Mehrverbrauch zum Teil relativiert. Aufgrund unterschiedlicher Diesel- und AdBlue- Preislage entstehen hierbei unterschiedliche Verbrauchskosteneinsparung zwischen Europa und USA (Abb. 4).

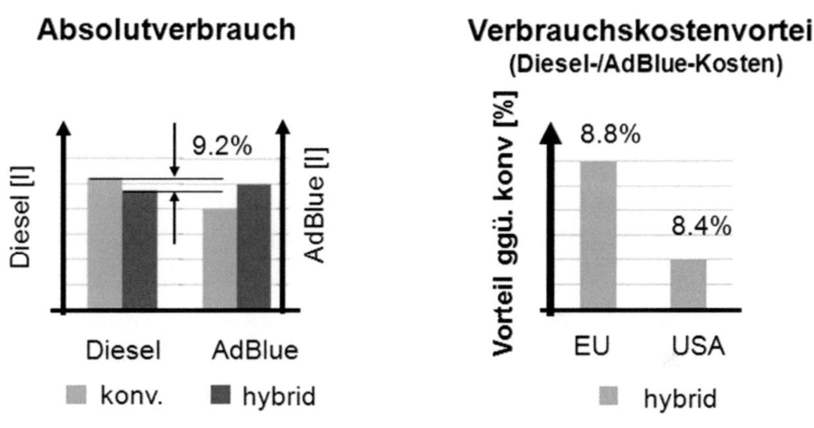

Abb. 4: Beispiel Verbrauchs- und Kostenvorteil einer hybridisierten Baumaschine

In weiteren Untersuchungen soll die Hybridstrategie optimiert werden, so dass mit der Hybridtechnologie sowohl Diesel- als auch AdBlue-Verbrauch gesenkt werden können. Zudem ist denkbar, dass die Betriebsstrategie direkt an den Gesamtkosten von AdBlue und Diesel ausgerichtet werden kann, um den kostenoptimalen Betriebspunkt zu wählen. Durch die Simulationsmodelle ist ZF in der Lage, die Vorzüge der Hybridtechnologie im Tier4-Fahrzeug optimiert auszunutzen, ohne dabei einen Nachteil in Bezug auf die Gesamtbetriebskostenkosten in Kauf zu nehmen.

5 Von der Simulation zum Prototyp: Das Projekt ElecTra

Bei der letztjährigen dritten Fachtagung „Hybridantriebe für mobile Arbeitsmaschinen" wurden von der ZF durchgeführte simulative Untersuchungen an einem elektrifizierten und einem hybridisierten Traktor veröffentlicht. Aus dem Vergleich dieser beiden Traktorsysteme wurden Potentiale ermittelt und vorgestellt [4]. Im Rahmen der ZF-Studie zur Elektrifizierung des Traktors wurden jedoch nicht nur theoretische Systemuntersuchungen und Simulationen durchgeführt. Ziel der Studie war es, ein erfolgversprechendes Konzept zu finden das als Prototyp aufgebaut wird. Basierend auf dem Ergebnis, dass sowohl ein Traktor mit Generatorsystem als auch ein hybridisierter Traktor in vielen Betriebspunkten Einsparungspotentiale gegenüber dem konventionellen Traktor aufweist, galt es in dem Vorentwicklungsprojekt „ElecTra" zunächst einen elektrifizierten Traktor mit Anbaugerät mit dem Generatorsystem ZF-Terra+ aufzubauen. Damit wurden die ermittelten funktionalen Vorteile verifiziert. Durch die Elektrifizierung mit dem Generatorsystem können die rotatorisch angetriebenen Nebenaggregate auf Traktor und die Antriebe auf Anbaugeräten des Traktors im Gegensatz zu dem konventionell angetriebenen Antrieb und Nebenaggregaten mit besserem Wirkungsgrad betrieben werden. Die elektrische Regelung der Nebenaggregate erlaubt es zudem, dass die Aggregate einfach und schnell gesteuert und unabhängig von der Drehzahl des Verbrennungsmotors betrieben werden können. Dies ermöglicht es, den Verbrennungsmotor in einem verbrauchsgünstigen Drehzahlbereich zu betreiben. Der Prototyp mit Generatorsystem ZF-Terra+ bietet die Möglichkeit den Traktor zu einem hybridisierten System zu erweitern. Durch den Aufbau eines elektrifizierten Traktors und Anbaugeräts und durch produktive Feldversuche soll der Nachweis für die Vorteile und den Nutzen einer Elektrifizierung in landwirtschaftlichen Anwendungen erbracht werden.

Mit den Fahrversuchen können die für die Simulation getroffenen Annahmen abgeglichen und subjektive Eindrücke wie Fahrbarkeit, Geräuschempfinden usw. gewonnen werden. Diese Aspekte lassen sich mit Hilfe der reinen Simulation nicht untersuchen, sind jedoch ein wichtiger Bestandteil zur Ermittlung des weiteren Systemverbesserungspotenzials. Durch den Abgleich der Versuchs- mit den Simulations-ergebnissen kann somit in Zukunft die Aussagekraft der simulativen Untersuchung gesteigert werden. Um den sehr hohen Anforderungen in landwirtschaftlichen Anwendungen gerecht zu werden, soll im Projekt „ElecTra" neben der Darstellung eines Funktions-Prototyps auch eine Betriebsstrategie dargestellt werden. Diese soll das optimale Zusammenspiel der Komponenten im elektrischen System ermöglichen. Ziel des Projektes „ElecTra" war es, die Robustheit der software- und hardwaretechnischen Funktion des ZF-Terra+ Systems im realen Einsatz zu erproben und nachzuweisen.

Projektpartner für „ElecTra" waren die SAME DEUTZ-FAHR Gruppe, die das Fahrzeug -Motorleistung 164kW- zur Verfügung stellte und die AMAZONEN-Werke, welche die elektrifizierte Einzelkornsämaschine EDX eSeed - Arbeitsbreite 9m - aufgebaut haben [3]. Die elektrifizierte Einzelkorn-sämaschine verwendet für den Antrieb der Fördergebläse für Dünger und Satgut die Asynchronmaschinen (ASM). Konventionell werden Hydraulik-motoren verwendet. Den Generator des ZF-Terra+ stellt maximal 50kW elektrische Dauerleistung zur Verfügung, welche über einen Umrichter in einen 600V Gleichspannungszwischenkreis eingespeist wird. Aus diesem Gleichstrom-zwischenkreis werden AC-Spannungsschnittstellen über Wechselrichter eines Anbaugerätes bereitgestellt (400V bzw. 230V, Abb. 5). Zum Aufbau des elektrifizierten Traktors mit Anbaugerät gehört neben der hardwareseitigen auch die softwareseitige Umsetzung des Leistungs- und Energiemanagements. Dabei konnten die Simulationsmodelle, mit welchen die Potentialanalyse durchgeführt wurde, maßgebende Inputs für die Softwareentwicklung bzgl. das Leistungs- und Energiemanagements liefern. Die Anforderung an die Software war es, die Stabilität des DC-Zwischenkreises sicherzustellen, die bedarfsgerechte Steuerung der Leistungsquelle zu reali-

sieren und die Priorisierung der Verbraucher im Falle eines Leistungs-
mangels sicher zu stellen.

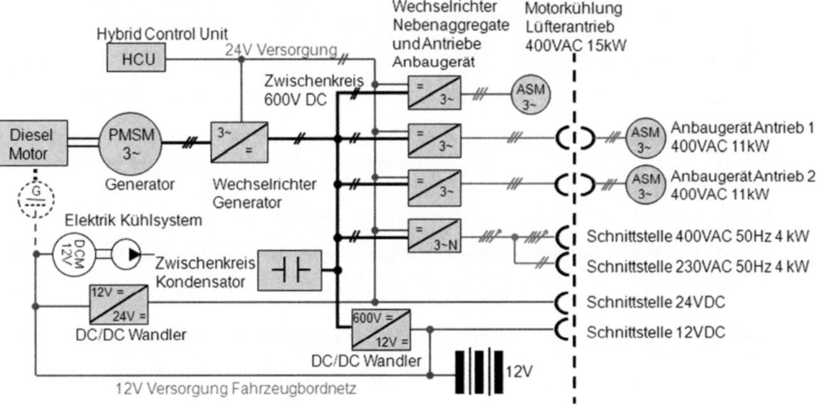

Abb. 5: Gesamtsystem „ElecTra" mit EDX eSeed Anbaugerät (oben) Systemübersicht
„ElecTra" (unten)

Um Funktionstest der Software durchführen zu können, ist die simulative
Abb. des Gesamtfahrzeuges unverzichtbar, da das Leistungs- und Energiemanagement stets in Zusammenarbeit von Verbrennungsmotor und
Generator erfolgen muss. ZF konnte hierbei auf bereits vorhandene Simulationsmodelle zurückgreifen.

Der elektrifizierte Traktor mit Einzelkornsämaschine wurde 2011 in
Friedrichshafen in Betrieb genommen. Mit dem aufgebauten Prototyp fand
die finale Abstimmung, der erste Funktionstest der Hard- und Software statt.
Es wurden umfangreiche Feldversuche durchgeführt. Insbesondere wurde

hierbei Wert auf die Überprüfung der Steuergeräte-Kommunikation sowie der Funktionalität des Fahrzeuggesamtsystems gelegt. Nachfolgend fanden Versuche statt, welche einen Vergleich der Ablegequalität der elektrifizierten Einzelkornsämaschine mit der konventionellen ermöglicht haben. Die hohe Qualität, welche mit der herkömmlichen EDX erzielt wird, konnte auch mit der EDX eSeed realisiert werden. Ergänzend konnten erste Hardware-Belastungstest auf dem Feld erfolgreich absolviert werden. Die Robustheit des elektrifizierten Systems konnte durch Belastungstest bei sehr hoher Außentemperatur erfolgreich nachgewiesen werden. Über den gesamten Versuchszeitraum traten keine Komplikationen mit der Elektrik und Elektronik der beiden Maschinen auf, auch nicht unter Dauereinsatzbedingung, wobei auf einer Gesamtfläche von 40ha auf dem Feld gearbeitet wurde. Dabei konnte der Leistungsbedarf der elektrischen Anbaugeräte um 30% gegenüber dem konventionellen hydraulischen System gesenkt werden [5]. Die Realisierung der Regelbarkeit und der Dynamik des Anbaugeräts wurde ebenfalls erfolgreich getestet. Abb. 6 zeigt eine Messung, bei der die „power-on-demand" Steuerung der Fördergebläse realisiert wurde. Die Drehzahl der Antriebe auf dem Anbaugerät wurde am Feldende beim Wendevorgang durch den Wechselrichter auf dem Traktor reduziert, um so eine bedarfsgerechte Ansteuerung realisieren zu können. Dies führte zu einen Reduzierung der Leistungsaufnahme durch die Lüfterantriebe und damit eine reduzierte Leistungsabgabe des Generators. Hierbei konnte auch die Realisierbarkeit des schnellen und kontinuierlichen Hochbeschleunigens der elektrischen Antriebe dargestellt werden.

Im Projekt „ElecTra" wurde die Elektrifizierung des Motorlüfters vorbereitet. Versuche dazu wurden bisher nicht durchgeführt, daher können die in [4] dargestellte Verbrauchseinsparung durch eine Elektrifizierung eines Motorlüfters aktuell noch nicht durch Versuche Verifiziert werden. Das Projekt ElecTra hat jedoch den ersten Einsatz des integrierten Generatorsystems ZF-Terra+ erfolgreich abgeschlossen und die aus der Simulation ermittelten funktionalen Vorteile - sowohl hardware- als auch softwaretechnisch - erfolgreich bestätigen können.

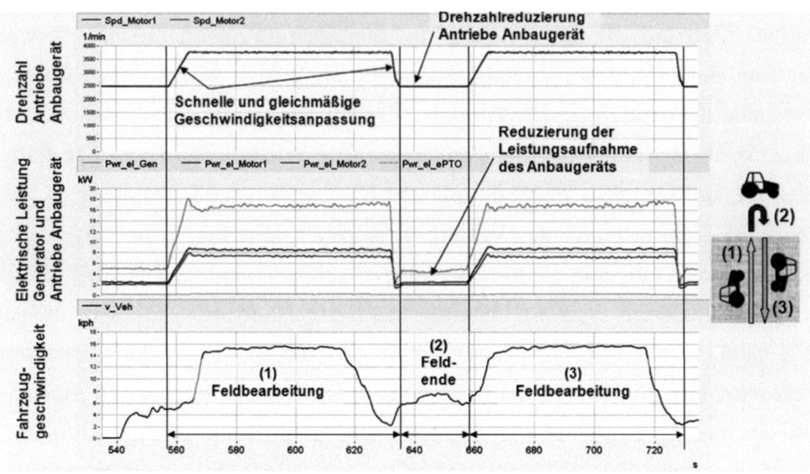

Abb. 6: Fahrgeschwindigkeitsprofil, elektrische Leistungsflüsse und Drehzahlverstellung der elektrischen Antriebe auf dem Anbaugerät

6 Ergebnis und Ausblick

Durch Gesamtfahrzeugsimulationsmodelle ist ZF in der Lage die Vorzüge der Hybridtechnologie selbst mit hochaktuellen Tier4-Fahrzeugen darzustellen, ohne dabei einen Nachteil in Bezug auf den Gesamtantriebsstrang in Kauf nehmen zu müssen. Hiermit kann ZF eine optimierte Hybridstrategie für Arbeitsmaschinen erarbeiten, welche auf die Gesamtkosten aus Diesel- und AdBlue-Verbrauch bestmöglich ausgerichtet ist.

Dass die realen Untersuchungen für die Hybridisierung/Elektrifizierung unerlässlich sind, wurde durch den Aufbau eines Traktorprototyps unterstrichen. Ein vollständiges elektrisches System, bestehend aus integriertem Getriebegenerator, Leistungselektroniken, elektrischen Schnittstellen und Antrieben wurde entwickelt und dessen soft- und hardwaretechnische Funktionalität konnten in Vorfeld durch die Simulation ermittelt und in anschließendem Versuch erfolgreich nachgewiesen werden.

Literaturverzeichnis

[1] M. Mohr, U. Brehmer. Vom Rad bis zum Auspuff - gesamthafte Betrachtung der Einflüsse von Hybridsystemen in Baumaschinen, VDI Getriebetagung 2011

[2] R. Kuberczyk, S. Dobler, B. Vahlensieck, M. Mohr. Reducing NOx and Particulate Emissions in Electrified Drivelines, VDI Getriebetagung 2010

[3] M. Götz, K. Grad, O. Weinmann. Elektrifizierung von Landmaschinen, ATZ offhighway 10/2012

[4] M. Götz, M. Fellmann, K. Grad. Vergleich zwischen einer Hybridisierung und einer Elektrifizierung eines Traktors. 3, Fachtagung Hybridantriebe für mobile Arbeitsmaschinen 2011

[5] O. Weinmann, M. Götz, T. Wessels. Elektrifizierung eines Traktors mit Anbaugerät, VDI Landtechniktagung 2012

Individual E-Mobility Solutions for the Off-Highway Market

Christian Lingenfelser

Bosch Engineering GmbH, Postfach 13 50, 74003 Heilbronn, Deutschland, E-Mail: christian.lingenfelser@de.bosch.com, Telefon: +49 (0)7062/911-79799

Abstract

Only a couple of years ago, there were many doubts regarding the possible realization of hybrid electric vehicles (HEVs) and electric vehicles (EVs) as an alternative to vehicles with an internal combustion engine (ICE) in the automotive industry. Today, hybrid technology is used in a broad range of formats by almost every OEM, and the first all-electric vehicles have been introduced into series production.

The electric power train is not only revolutionizing the automotive industry. Bosch Engineering is receiving more and more enquiries about hybrid and electric power train solutions for off-highway applications. The vehicles in question include luggage towing tractors, forklift trucks, municipal multi-purpose carriers, and marine applications. These applications could benefit from system and sub-system innovations in the automotive sector, and from the high quality of advanced power train components.

The explanations for diesel-electric hybrid technology provided in this paper are based on luggage towing tractors and forklift trucks, but are also valid for other off-highway applications such as municipal multi-purpose vehicles and wheeled loaders. For any design, it is important to develop a clear understanding of the requirements and duty cycle, and to ensure that the system, sub-system and components are well suited for the application. A high level of efficiency plays an important role here, especially for the electric power train because energy storage systems are not yet very cost-effective. High-performance simulation tools are used to help to create an optimized solution with respect to all key criteria.

1 E-Mobility

There are various reasons why HEV and EV solutions are considered useful in applications such as commercial vehicles, boats, motor sport, general aviation, two-wheelers, and off-highway.

Commercial vehicles and public buses can benefit greatly from a hybrid power train because of the reduced fuel consumption offered by this technology. Moreover, the investment costs are quickly recovered by the duty cycle and operating hours of such applications. But even if the investment does not justify itself in financial terms, sometimes a hybrid (or all-electric) system is necessary by law or local regulations to minimize exhaust gas and noise emissions in cities.

One area with a current rise in activity is the marine industry. In some nations and regions (e.g. Austria) boats will no longer be allowed to use ICE on certain lakes and rivers. In addition, certain future harbor entry regulations will make the use of a non-combustion engine mandatory.

In the field of motor sport, the first electrically assisted systems were introduced a couple of years ago. Further hybridization is planned for almost all major race series, and race concepts based on pure electric vehicles are the trend of the future.

The general aviation industry has recognized power train changes in the automotive sector and is investigating the advantages of using similar system solutions in concept planes.

Particularly great market potential for electric power train applications is found in the two-wheeler segment, starting with low-power electrics to support electric bikes and pedelecs. Electric scooters are already on the streets of major cities in Asia. Now motorcycle manufacturers are developing concepts with higher power. These applications are often well suited for a purely electric power train due to their drive cycle, weight, and necessary range. Additionally, there are limited thermal and auxiliary energy requirements, which impact most electric vehicles: no air conditioning, heating, on-board entertainment systems or similar accessories such as windshield wipers are needed. Moreover, a battery exchange concept is easier to implement, since an energy storage unit could be developed with more straightforward interfaces to the vehicle system and easier access for swapping.

2 E-Mobility in Off-highway

Changes in the off-highway segment are the result of various factors. One reason is the emissions regulations for vehicles with engine output of above 56 kW (European off-highway Stage IV and U.S. off-highway Tier 4 Final). The industry must either invest in complex exhaust gas after-treatment solutions or keep ICE performance below a certain power level while covering peak power requirements with the support of an electric motor (EM). Examples of such applications include luggage towing tractors and forklift trucks. While lower-powered forklift trucks have been electric since they were first developed, most high-powered models and luggage towing tractors have been driven by an ICE. In heavy-duty trucks, the ICE normally drives a hydrostatic pump to feed hydrostatic motors in the wheels. In addition to the rotary pump for the drive train, there a second hydrostatic pump is mounted in-line for the linear hydraulics (tilt, lift and lateral shift).

Another reason for the use of electric technology is to ensure that vehicles do not produce emissions when operated indoors. If not required by law, many companies and unions mandate "emission-free" working conditions for operators. Instead of spending a couple of thousand dollars or euros on exhaust gas after-treatment devices, companies tend to invest in electric drive technology, making use of additional advantages such as reduced noise, exhaust gases, fuel consumption, vibration and total cost of ownership.

As shown in Figure 1, the conventional power train topology for off-highway applications consists of an ICE that drives a hydrostatic pump to provide the power to the hydrostatic motor for driving. Both components are electrically controlled. The control unit enables automotive driving, load limiting control, diagnostics, and other functions.

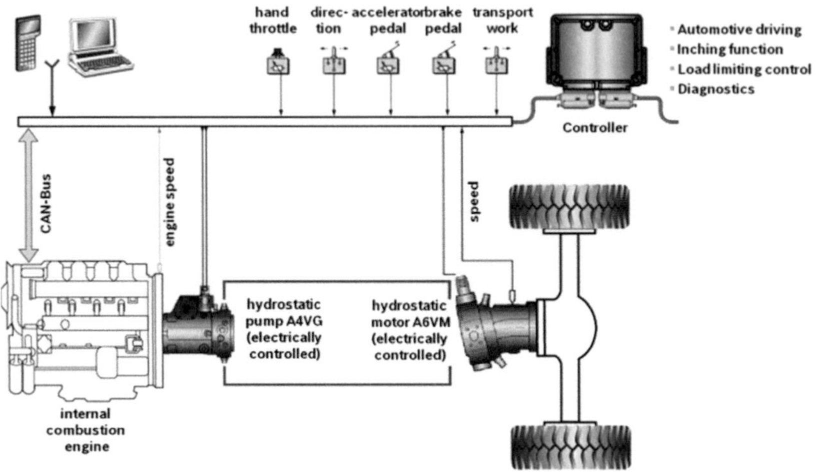

Figure 1: System topology of a conventional power train for off-highway applications

The explanations of hybrid technology provided in this paper are based on luggage towing tractors but are also valid for other off-highway applications such as municipal multi-purpose vehicles, forklift trucks, and wheeled loaders. The topology design requires an analysis of the application's real load profile and the selection of the most efficient systems and components best suited to that specific use case.

In the following sections, two hybrid topologies for luggage towing tractors – a parallel hybrid (P-HEV) and a serial hybrid (S-HEV) – without hydrostatic traction motors will be described and analyzed in detail.

Figure 2 shows a P-HEV topology for off-highway applications with the main components responsible for the power train and energy consumption. The traction battery provides the DC current, which is converted by the inverter to provide the AC current needed to power the EM. During deceleration, the vehicle's kinetic energy can be converted into electric energy by using the EM as a generator and the inverter to convert the electric energy into a DC current, which then charges the traction battery.

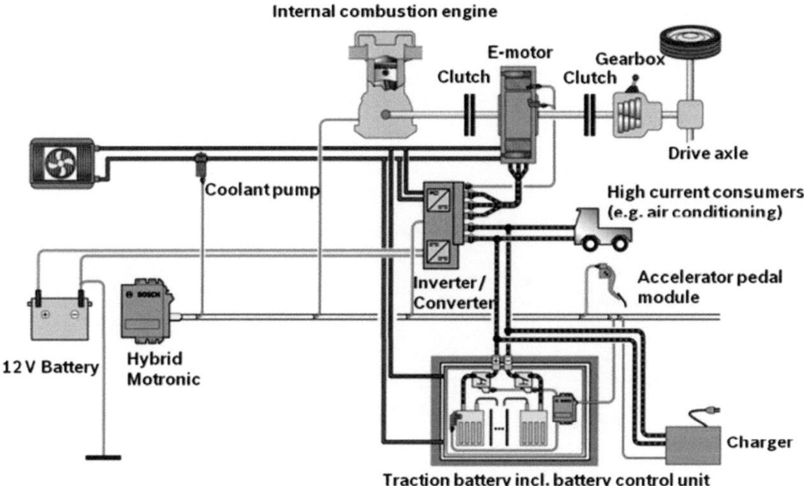

Figure 2: System topology of a parallel hybrid vehicle for off-highway applications

Characteristic for the P-HEV architecture is that the ICE and the EM act on the same axle – they are mechanically linked and run at the same speed. However, the first clutch between the ICE and the EM makes it possible to decouple the ICE from the wheels and the EM. This allows pure electric driving indoors using the EM in situations where emissions or noise levels are restricted. The hybrid control unit starts and stops the ICE and regulates the torque split between the EM and ICE. The torque development from the ICE and EM is used to shift the operating points of the ICE into a range of higher efficiency. Additionally, power from the ICE can be used to charge the traction battery with the EM running as a generator [1].

The S-HEV architecture in Figure 3 has an ICE, two EMs, and a traction battery. The first EM works as a generator and converts the mechanical energy from the ICE into electrical energy. The second EM acts as a traction motor. In this drive train topology, the ICE is not coupled to the drive axle. The energy from the generator is used by the second EM to drive the luggage towing tractor. Depending on the control strategy implemented in the hybrid control unit (HCU), the ICE can provide the power needed for driving or can be run constantly at the most efficient operation point.

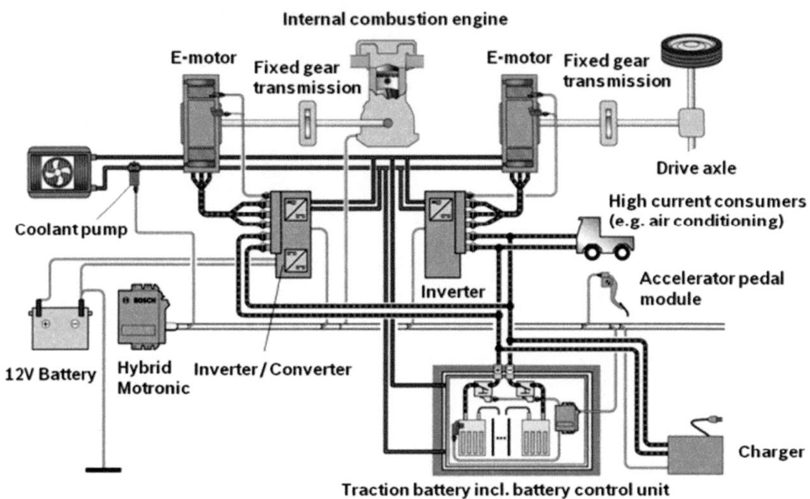

Figure 3: System topology of a serial hybrid vehicle for off-highway applications

In this case, any difference between the required driving power and the continuous power provided by the ICE is used to charge the battery. This makes it possible to achieve low emissions during hybrid driving mode. The S-HEV topology enables pure electric driving as well as energy recovery when the luggage towing tractor decelerates in order to charge the battery. The modular S-HEV topology can be integrated easily into existing drive trains for off-highway applications by replacing the hydrostatic pump and motor. In this way, the S-HEV can show efficiency advantages compared to topologies with hydrostatic traction motors as these are often used at high speeds with poor efficiency [1].

For both hybrid topologies – P-HEV and S-HEV – plug-in variants can be realized to charge the battery when the vehicle is at a standstill.

Hybrid drive trains are more complex than conventional systems. Additionally, there is a high degree of interaction between the main components of the hybrid vehicle system shown in Figure 2 and Figure 3 due to the physical relationships. The amount of kinetic energy available in a vehicle depends on the maximum mechanical power realized by the ICE and EM torques. On the other hand, EM torque depends on the traction battery voltage, the energy content of the traction battery, and the maximum inverter current. When performing a system simulation to optimize efficiency, the consideration of these components, sub-systems, and their various interactions becomes more important.

3　Components

Bosch Engineering leverages standard components from Bosch where possible for all customer requests for hybridization and electrification. The product portfolio consists of EMs for HEVs and EVs together with the suitable power electronic (PE) inverters (Figure 4).

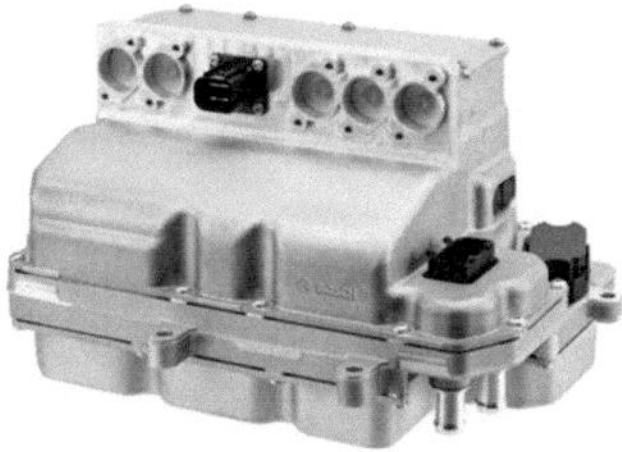

Figure 4: E-motor (SMG 180/120 - left) and power electronics (INVCON 2.3 - right)

The EMs are permanent magnet synchronous motors. The SMG (separate motor generator) is built with a longer stator and less overall diameter and offers a maximum torque of up to 200 Nm. The EM is liquid-cooled and best operated at a voltage of 250 – 400 V. The power electronics provides the necessary AC voltage and current to achieve power output of around 30–85 kW. These inverters incorporate DC/DC conversion to the 12 V power net and are also water-cooled. For both components, the water temperature level shall not exceed 85°C. The system set-up may vary depending on application-specific requirements and battery usage patterns. For the luggage towing tractors and forklift trucks, a high-power battery system is used.

At the heart of the system is the vehicle control unit or hybrid control unit, which coordinates the energy flow and torque for the power train and acts as a communication interface between all system components. For HEV systems, the control unit is programmed with the operating strategy for an ICE and electric power train. The control unit provides the torque request from the driver to the power electronics unit. It also coordinates the energy storage system and, in some cases, charging operations. Additionally, it controls interfaces to the brake system and thermal system and provides input/output functions for the diagnostic system. With proper calibration, professional function and software developments it is ensured that applications run under optimal settings for the intended usage.

4 E-Mobility power train analysis

For three different applications the energy consumption in specific driving cycles as well as the potential of hybridization will be described in the following. In all cases, the same EM, power electronics inverter, energy storage system, and ICE are used. The power train components were developed especially for hybrid and electric passenger cars. Bosch Engineering GmbH is now transferring this expertise to power train applications for mobile work machines such as luggage towing tractors.

4.1 Battery electric vehicle

In the first example, a compact class EV with central drive and a one-stage gearbox is considered driving the CADC (Common Artemis Driving Cycle). This cycle represents realistic acceleration and deceleration phases (Figure 5

- left). The maximum speed is 131 km/h with an average vehicle speed of 58 km/h. The graph below shows the resulting operating points of the EM (Figure 5 - right) for the given driving cycle.

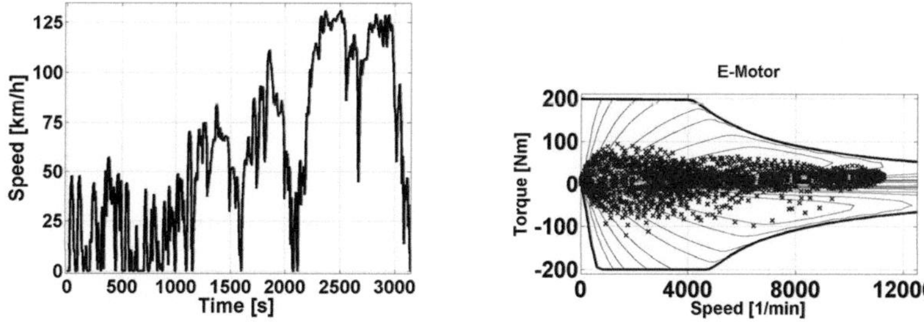

Figure 5: CADC cycle (left) and load profile for an electric vehicle (right)

In this cycle, it is clear that nearly the entire speed and torque range of the EM is used for an EV. The calculated energy consumption is about 15.2 kWh/100 km.

Many operating points are in partial load regions. One possible way to increase efficiency is to use a two-stage gearbox. This would reduce overall energy consumption by up to 6%, depending on the cycle. An additional third gear would not have a significant influence on energy consumption compared to the two-stage gearbox.

4.2   Luggage towing tractor

The following example considers a luggage towing tractor weighing 15.6 t, including loaded luggage trailers. S-HEV and P-HEV drive train topologies will thus be considered. Load profiles and use cases have to be analyzed in detail to develop an efficient power train system. Figure 6 shows a generic driving cycle for a luggage towing tractor. Sections (I) and (III) represent pure electric indoor driving whereas in section (II) both hybrid and pure electrical driving are possible, depending on the control strategy of the topology and the battery's charge level. The average speed of the luggage towing tractor is 17 km/h [1].

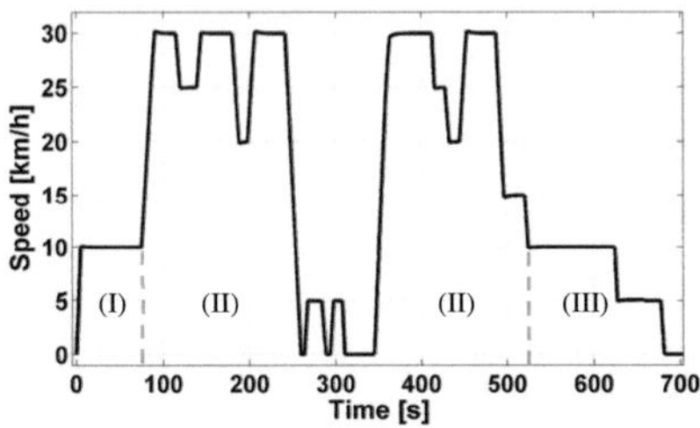

Figure 6: Generic driving cycle for a luggage towing tractor

When looking at the operating points of the ICE for both topologies, it can be clearly seen that the ICE for the S-HEV is driven at a single operating point with maximum efficiency, whereas the operating points of the P-HEV topology are less efficient. This results from the operating strategy for the P-HEV concept. The EM is operated in a wide speed range for both topologies, yet for the S-HEV at slightly higher efficiency [1].

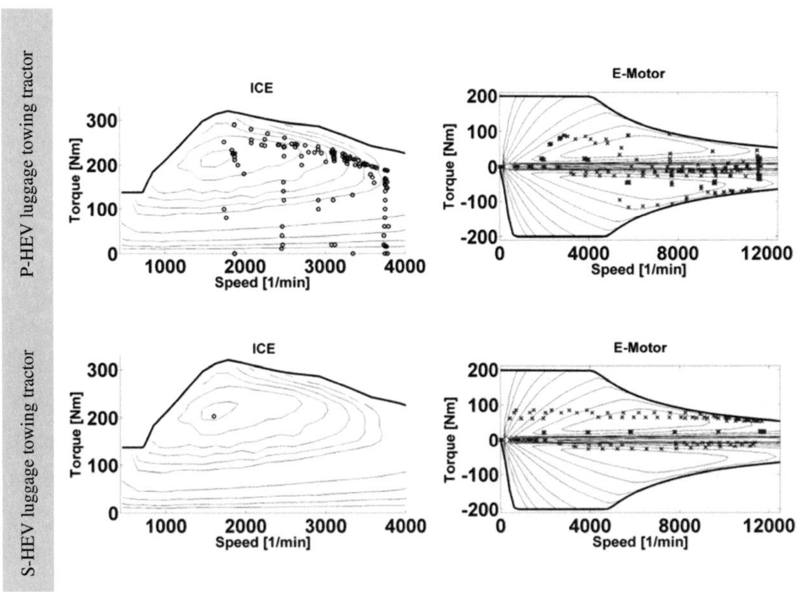

Figure 7: Operating points of the EM and ICE for P-HEV (top) and S-HEV (bottom)

The resulting fuel consumption for the S-HEV is 6.8 l/h and for the P-HEV 7.2 l/h. From this analysis, it can be seen that the S-HEV is capable of reducing fuel consumption by 6% compared to the P-HEV. In comparison with conventional power train technology, the P-HEV topology can generate a fuel saving of around 10% [1].

4.3　Forklift truck

The third example shows a hybrid forklift truck (P-HEV and S-HEV) driving a generic cycle. This consists of a moderate driving profile (maximum speed 25 km/h) and a load lifting phase (2.5 tons elevated 2 meters), as shown in Figure 8. As a compromise, an additional EM drives the hydrostatic pump for the linear hydraulics in order to lift the load.

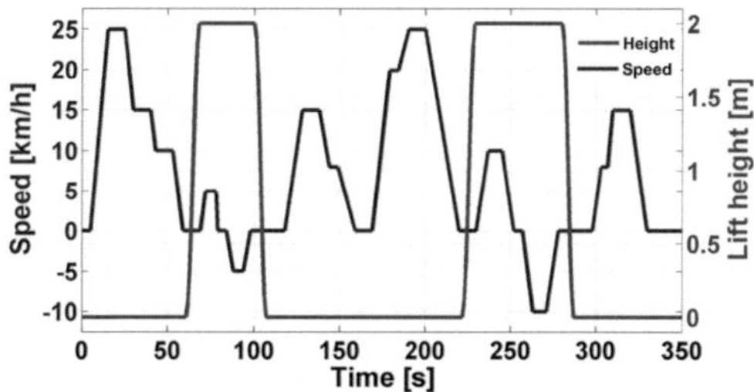

Figure 8: Generic driving cycle for a forklift truck

The figure below shows the resulting load profiles for the EM and ICE for both hybrid concepts. The operation points of the ICE are similar to those for the luggage towing tractor since the control strategy is unchanged. In contrast to the operation points of an EV in the CADC cycle and the luggage towing tractor, the forklift truck application does not utilize the available torque and speed range of the EM. For the majority of the cycle, the EM runs with a partial load and poor efficiency.

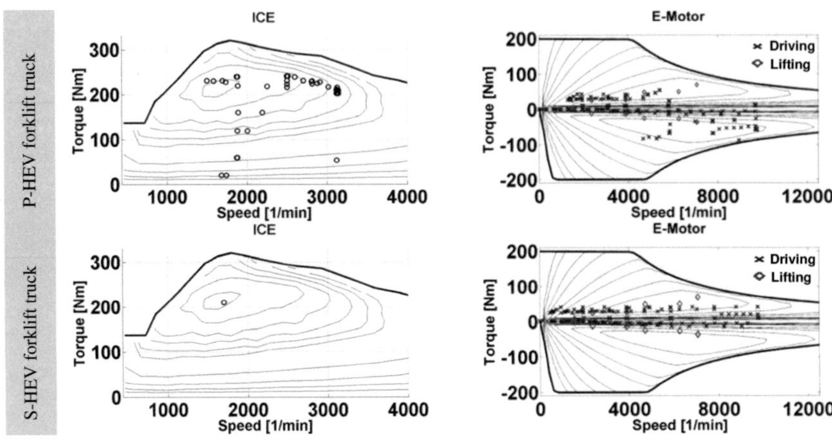

Figure 9: Operating points of the EM and ICE for P-HEV (top) and S-HEV (bottom) in a forklift truck

In this case the fuel consumption is 2.0 l/h for the S-HEV and 2.1 l/h for the P-HEV, for combined driving and lifting. This represents a reduction of 5% for the S-HEV topology vs. the P-HEV topology. Compared to conventional power train concepts for forklift trucks, the P-HEV concept can generate a fuel saving of approximately 12%.

These analyses clearly indicate that different requirements, driving cycles and applications have an impact on the best power train system and components to use. Simply transferring components from one application to another may not be sufficient to ensure optimal use of the system.

The system behavior resulting from using sub-systems and components originally developed for the automotive industry in other applications requires close examination. If too much usable energy is lost due to reduced efficiency, an adjustment or special component development should be considered.

5   Conclusion and Outlook

E-mobility is no longer just an abstract concept. It is happening. The early stages of development and optimization in terms of cost, efficiency, functionality, weight, and packaging have been achieved. For many applications, optimization is a prerequisite for success.

It is possible to use sub-systems and components developed for the automotive industry in other applications, and this is of course a cost-effective approach due to the economy of scale and minimal special development efforts. Such use must be carefully investigated and compromises should be identified and agreed upon.

In the early stages of development, simulations are the only way to handle the complexity of systems and to make sound judgment calls regarding sub-systems and components. With the validated simulation results for our luggage towing tractor test vehicle, we are able to provide a consistent, cross-domain simulation platform for the development of off-highway system applications. The technical results for diesel-electric hybridization of luggage towing tractors presented in this article will be carried over to other mobile working machines, such as municipal vehicles, wheel loaders, and excavators. This enables the identification and development of efficient power train concepts for each individual application [1].

Bosch Engineering is a reliable system development partner for any request regarding electric mobility in off-highway applications.

Bibliography

[1] Weller H., Lingenfelser C., Nordmann M., Freundenstein S., 2012, "Electrification of the drive train of a luggage towing tractor", ATZ offhighway.

Hochdrehzahlmotoren für mobile Arbeitsmaschinen

Svetlana Zhitkova, Björn Riemer, David Franck,

Prof. Dr.-Ing. Kay Hameyer, Prof. Dr.-Ing. Richard Zahoransky

RWTH Aachen University, Institut für Elektrische Maschinen,
52056 Aachen, Deutschland, E-Mail: svetlana.zhitkova@iem.rwth-
aachen.de, Telefon: +49(0)241/80-97667

Kurzfassung

Durch eine stetige Preissteigerung der fossilen Energieträger werden auch im Bereich der mobilen Arbeitsmaschinen neben einer hohen Zuverlässig u.a. Forderungen nach steigenden Gesamtwirkungsgraden, mit der hierdurch einhergehenden Energieeffizienz, forciert. Auch bei mobilen Arbeitsmaschinen ist der häufig eingeschränkt zur Verfügung stehende Bauraum für Traktionsantriebe eine Herausforderung. Ziel dieser Veröffentlichung ist ein allgemeingültiger Vergleich verschiedener elektrischer Antriebsarten als Traktionsantrieb für mobile Arbeitsmaschinen.

Stichworte

Elektrifizierung, Drehmomentdichte, Leistungsdichte, Leistungsziffer, Hochdrehzahlmaschine, Motorvergleich

1   Einleitung

Durch eine stetige Preissteigerung der fossilen Energieträger und der CO_2 Problematik werden auch im Bereich der mobilen Arbeitsmaschinen neben einer hohen Zuverlässig u.a. Forderungen nach steigenden Gesamtwirkungsgraden, mit der hierdurch einhergehenden Energieeffizienz, forciert. Als Beispiel seien hier Bestrebungen zur Elektrifizierung von Ackerschleppern oder Erntemaschinen genannt [1], [2]. Neben der Substitution von Antrieben für Anbaugeräte durch geregelte elektrische Motoren besteht ein weiteres

Potential zur Verbesserung des Gesamtwirkungsgrades durch den Einsatz eines elektrischen Fahrantriebs. In modernen Ackerschleppern werden Antriebe mit hydrostatisch-leistungsverzweigtem Getriebe eingesetzt. Die verwendeten Hydromotoren, die bei geringen Geschwindigkeiten genutzt werden, haben eine hohe Energiedichte, sie weisen jedoch geringe Gesamtwirkungsgrade auf. Elektrische Antriebsmotoren bieten mit einem Gesamtwirkungsgrad >90% klare Vorteile. Die im Vergleich zu Hydromotoren geringere Energiedichte elektrischer Antriebe stellt jedoch eine Herausforderung für die Auswahl geeigneter Maschinenkonzepte durch den in der Regel nur stark begrenzt zur Verfügung stehenden Bauraum dar.

2 Ausnutzung und Drehschub von elektrischen Maschinen

Ausgangspunkt für die weiteren Überlegungen ist die Schubkraft F_α bzw. der resultierende Drehschub σ einer elektrischen Maschine. Mit nur wenigen Parametern lässt sich hiermit schon eine erste Grobabschätzung des Bohrungsdurchmessers D der Maschine bestimmen.

Die Ausnutzung von elektrischen Maschinen wird ganz allgemein durch den Ausnutzungsfaktor C (Esson'sche Leistungsziffer) definiert:

$$C = \frac{P_{mech}}{D^2 l \cdot n} \tag{2.1}$$

Die Esson'sche Leistungsziffer bezieht die innere Leistung P_{mech} der Maschine auf das Volumen $V \sim D^2 l$ und die Drehzahl n der Maschine (Reibung sei vernachlässigt). D ist der Bohrungsdurchmesser des Stators und P_{mech} die an der Welle der Maschine abgegebene Leistung.

Mit der inneren Leistung $P = M \cdot \Omega = M \cdot 2\pi n$ und dem Drehschub σ_S als Kraft pro Rotorfläche $\pi D l$

$$\sigma_S = \frac{Kraft}{Rotoroberfläche} = \frac{Kraft}{\pi D l} \tag{2.2}$$

errechnet sich das Drehmoment zu:

$$M = \frac{D}{2} \cdot \frac{F}{\pi Dl} = \frac{D}{2} \cdot \sigma_S \cdot \pi Dl = \sigma_S \frac{\pi}{2} D \qquad (2.3)$$

Damit ergibt sich eingesetzt für die Leistungsziffer

$$C = \pi^2 \sigma_S \qquad (2.4)$$

Die Ausnutzung C der Maschine lässt sich somit durch den Parameter des Drehschub σ_S bestimmen. Die Größe des Drehschubs ist abhängig von der Maschinentopologie und kann daher zum Vergleich von unterschiedlichen Maschinenkonzepten herangezogen werden.

Die elektromagnetisch erzeugte Kraft, bezogen auf die Rotorfläche, bezeichnet den Drehschub. Ausgedrückt für Werte in elektrischen Winkelgraden β errechnet sich der Drehschub zu

$$\sigma_S = \frac{1}{2\pi} \int_0^{2\pi} B(\beta) A(\beta) d\beta \qquad (2.5)$$

$B(\beta)$ ist die örtlich verteilte Luftspaltinduktion und $A(\beta)$ ist der räumlich verteilte Strombelag am Umfang der Maschine. Ganz allgemein kann man durch Gl.(2.5) sagen das die am Energiewandlungsprinzip beteiligten, lokalen Kräfte über die Maxwell'schen Gleichungen bestimmt werden können und das der Drehschub proportional zum Produkt aus magnetischer Induktion und Strombelag ist. Dies besagt, das die Schubkraft

$$\sigma_S = H_t \cdot B_n \qquad (2.6)$$

sich aus dem Produkt der Tangentialkomponente der magnetischen Feldstärke H_t und der Normalkomponente der magnetischen Induktion B_n im Luftspalt errechnen lässt. Mit dem Wissen das H_t den Strombelag A darstellt, der mit einer Statorwicklung erzeugt werden kann, und B_n das Luftspaltfeld der Elektrischen Maschine darstellt, kann die Lorenzkraft angegeben werden.

$$f = B \cdot A \qquad (2.7)$$

Es ist deutlich zu erkennen, das eine größere Umfangskraft erzeugt wird durch mehr Stromdichte und größere Luftspaltfelder, also durch mehr Kupfer in der Maschine um den Wert des Strombelags hoch zu treiben.

Die Grenzen der Steigerung der beiden Größen B und A sind für B gegeben durch die nichtlineare Sättigung des ferromagnetischen Eisens im Stator und Rotor der Maschine und für den Strombelag A durch die elektrische Beanspruchung bzw. die Kühlung der Maschine. Der Wert des Drehschubs ist im Allgemeinen abhängig von der

- Maschinentopologie (Maschinenart)
- Art der Felderregung
- Konstruktion (Radialfeld-, Axialfeldmaschine, Innenrotor-, Außenrotor-maschine)
- Betriebsart und Speisung
- Kühlung
- Den maschinenspezifischen Parametern Polpaarzahl p, Strombelag A, den magnetischen Verhältnissen im ferromagnetischen Eisen und im Luftspalt der Maschine.

Typische Werte für den Drehschub für die verschiedenen Maschinenarten sind in Tab. 1 zusammengefasst. Die hier zu bewertenden Antriebe für mobile Arbeitsmaschinen befinden sich im Leistungsbereich von bis zu 60 kW. Hiermit ist deutlich, dass die Wahl einer permanentmagneterregten Synchronmaschine aus technischer Sicht erforderlich ist.

	Drehschub	Typische Werte	Drehschub [kN/m^2]
PMSM	$\sigma = \dfrac{\xi}{\sqrt{2}} A \cdot B \cdot cos\psi$	A=40 000 A/m B=1,2 T cosψ=1 ξ=0,95	32,2
EC	$\sigma = \dfrac{2}{3} A \cdot B$	A=40 000 A/m B=1,2 T	32
ASM	$\sigma = \dfrac{\xi}{\sqrt{2}} A \cdot B \cdot cos\varphi \cdot \eta$	A=40 000 A/m B=0,8 T ξ=0,95 cosϕ=0,85 η=0,9	16,4
GRM	$= \dfrac{1}{2}\dfrac{\xi}{\sqrt{2}} A \cdot B \cdot 2sin2p\varepsilon$	A=40 000 A/m B=0,6 T ξ=1 sin2pε=1	8,5

Tab. 1: Typische Werte für den Drehschub verschiedener Motorarten (konservativ gerechnet).

Neben den maximal zu erzielenden Werten für die Stromdichte und die Höhe der Luftspaltinduktion ist für kompakte Maschinen die Magnetanordnung interessant. Um eine kompakte Konstruktion des magnetischen Kreises zu erzielen ist es wichtig zu sehen welche Felderregeranordnung für ein bestimmtes Konzept am günstigsten ist. Hierbei spielen die Permanentmagnete mit ihrem hohen Energiebeiwert (BH$_{max}$) eine zentrale Rolle. Es kann festgehalten werden, dass eine große Leistungsdichte der Maschine ganz wesentlich von der verwendeten Erregeranordnung abhängt. Durch die Erhöhung der Drehzahl kann die Leistungsdichte weiter gesteigert werden. Gleichung 2.8 verdeutlicht diesen Zusammenhang.

$$P_{mech} \approx Volumen \cdot Drehzal \qquad (2.8)$$

Zusammenfassend kann festgehalten werden:

- die Ausnutzungsziffer C steigt mit zunehmender Leistung P$_{mech}$, Gl.(2.1)

- die Ausnutzungsziffer ist proportional zum Drehschub, Gl.(2.4)

- o   abhängig von der magnetischen (Sättigung) und elektrischen Beanspruchung (Kühlung)

- die Leistungsziffer steigt mit steigender Polpaarzahl p, Gl.(2.5) ist in elektrischen Winkelgraden angegeben ($\beta=\alpha \cdot p$). α ist der mechanische Winkel

- bei gegebenem Drehschub wird das Volumen der Maschine unabhängig von der Drehzahl,

- Hochdrehzahlmaschinen haben bei gleicher Leistung ein kleineres Volumen, verglichen mit Langsamläufern, Gl.(2.8)

  - o   es gilt keine strenge Proportionalität da die Verluste der Maschine mit zunehmender Drehzahl nichtlinear skalieren

  - o   das Volumen wird vom Drehmoment bestimmt, Gl.(2.2)

- die Kühlungsart hat einen wesentlichen Einfluss auf die Leistungsziffer und hat somit einen entscheidenden Einfluss auf Leistungsdichte.

3   Wachstumsgesetze elektrischer Maschinen

Der zuvor beschriebene Zusammenhang der magnetischen und elektrischen Größen in der elektrischen Maschine soll nun weiter vertieft werden um die relevanten Parameter für die Leistungsziffer, Rotordurchmesser D, aktive Eisenlänge l, Drehzahl n, Polpaarzahl, Luftspaltfeld und Strombelag für in geometrischen Abmessungen veränderlichen Maschinen zu bewerten. Oder von der anderen Seite betrachtet, wie groß wird die Maschine werden, wenn Drehmoment und Leistung vorgegeben werden, wie das bei Fahrzeugantrieben hauptsächlich der Fall ist. Die im Folgenden abgeleiteten Zusammenhänge gelten näherungsweise für alle Maschinenarten.

3.1 Wicklungsverluste

Die weiteren Überlegungen zu den Wachstumsgesetzen beschränken sich im Folgenden auf oberflächengekühlte Maschinen. Diese Kühlungsart ist relativ einfach zu behandeln und stellt für bessere Kühlbedingungen den "worst case" dar.

Bei oberflächengekühlten Maschinen müssen die Verluste über die Oberfläche abgeführt werden. Die ohmschen Wicklungsverluste P_{cu} werden in guter Näherung über die Oberfläche πDl abgeführt:

$$\frac{P_{cu}}{\pi Dl} = \rho \cdot AS \qquad (3.1)$$

A ist der Strombelag, S die Stromdichte und ρ der spezifische Widerstand des Wicklungsmaterials.

Mit der Wärmeübergangszahl α lässt sich überschlägig die Wicklungs-über-temperatur ΔT bestimmen. ΔT ist dem Produkt aus Strombelag und Stromdichte AS proportional.

$$\Delta T = \frac{P_{cu}}{\alpha \pi Dl} \sim AS \qquad (3.2)$$

Die maximale Wicklungsübertemperatur ist durch die Auswahl der Wicklungsisolation begrenzt. Der Standard im Elektromaschinenbau ist heute die Isolationsstoffklasse F (155°C) und H (180°C).

3.2 Skalierung der Maschinenparameter

Um die Frage zu beantworten, wie sich die Parameter einer Maschine für sich verändernde Geometrische Abmessungen einstellen, erweitert man den Durchmesser und die Maschinenlänge mit dem Skalierungsfaktor k. Die ursprünglichen Daten der Maschine sind in Gl.(3.3) mit einem * gekennzeichnet.

$$D = D^* \cdot k \text{ und } l = l^* \cdot k \qquad (3.3)$$

Die Abhängigkeiten der geometrischen Abmessungen zu den Parametern Leistung, Drehmoment, den Verlusten und dem Maschinengewicht lassen sich hieraus ableiten. Die Wicklungsverluste lassen sich nun mit Skalierungsfaktor angeben.

$$P_{cu} = \rho q_{cu} l S^2 \sim k^3 S^2 \tag{3.4}$$

q_{cu} ist der Leiterquerschnitt. Die zur Kühlung beitragende Oberfläche ist:

$$O = \pi D l \sim k^2 \tag{3.5}$$

Die Erwärmung ΔT errechnet sich über die Oberfläche O zu:

$$\Delta T = \frac{P_{cu}}{\alpha O} \sim A S^2 \tag{3.6}$$

Bei den hier zu bewertenden Motoren mit Konvektionskühlung, gegebener, konstanter Wärmeübergangszahl α und Erwärmung ΔT kann unterstellt werden, das das Produkt AS konstant ist. Somit kann man schreiben:

$$S \sim \frac{1}{\sqrt{k}} \quad \text{und} \quad A \sim \sqrt{k} \tag{3.7}$$

Aus Gl.(3.7) kann abgelesen werden, dass für wachsende Abmessungen die Stromdichte sinkt und der Strombelag steigt. Dieser Zusammenhang lässt sich für Maschinen kleinerer Leistung bestätigen.

			Leistung
Geom. Abmessungen	D~k und l ~k	1	$P^{2/7}$
Gewicht	G~D²l	k^3	$P^{6/7}$
Oberfläche	O~Dl	k^2	$P^{4/7}$
Leistung	P~BAD²ln	$k^{1/2}$	1
Drehmoment	M~P	$k^{1/2}$	P
Wicklungsverluste	P_{cu}~GS/P	$k^{-3/2}$	$P^{-2/7}$

Tab. 2: Skalierung der Maschinenparameter für wachsende geometrische Abmessungen.

Mit den Zusammenhängen der Gl.(3.6 bis 3.7) ergibt sich für eine Maschine mit vergrößerten geometrischen Abmessungen die folgende Tab. 2. Diese Vorgehensweise mit dem Skalierungsfaktor ermöglicht den Vergleich verschiedener Motoren unterschiedlichen Typs. Man kann in der Tab. über die Leistung rechnen, oder über den Faktor k skalieren.

3.3 Überschlägige Abschätzung der Abmessungen verschiedener Motorkonzepte

Für die grobe Abschätzung der Abmessungen der verschiedenen Motorkonzepte soll die Tab. 1 als Basis dienen. Es wird der Drehschub auf das Konzept eines permanentmagneterregten Synchronmotors mit den Hochenergiemagneten NdFeB normiert. Für die Synchronmaschine mit Ferritmagnet wird eine Luftspaltinduktion von B=0,3 T angenommen. Damit ergibt sich der Drehschub für die Motorvariante $PMSM_{Fe}$ überschlägig zu 8,05 kN/m². Auf Basis der Wachstumsgesetze aus Tab. 2 und unter Annahme der Proportionalität von Drehmoment und Leistung gilt:

$$M \sim P \sim \sigma_S \cdot k^3 \sim \sigma_S \cdot D \tag{3.8}$$

Alle anderen Daten wie die Wicklungsverluste, Gewicht etc., können bei Bedarf mit Hilfe der Tab. 2 abgeschätzt werden.

Normierter Drehschub		D^2l für gleiches Drehmoment wie $PMSM_{NdFeB}$
$PMSM_{NdFeB}$	1	1
$PMSM_{Fe}$	0,25	4
ASM	0,51	1,96

Tab. 3: Normierter Drehschub der betrachteten Motorvarianten.

Die Leistungsdaten bzw. das Drehmoment der $PMSM_{NdFeB}$ Maschine soll für den Vergleich der Konzepte erreicht werden. Es ergibt sich für das Volumen

D^2l die dritte Spalte in Tab. 3. Abb. 1 zeigt die Variation des Durchmessers und der Maschinenlänge für verschiedene Maschinenarten bei einem konstant angenommenen Drehmoment.

Die Asynchronmaschine kommt bei ca. doppeltem Durchmesser auf die gleiche Maschinenlänge als die PMSM$_{\text{NdFeB}}$ Variante. Oder kann bei gleichem Durchmesser mit moderater Längenänderung das Drehmoment der PMSM$_{\text{NdFeB}}$ erzeugen.

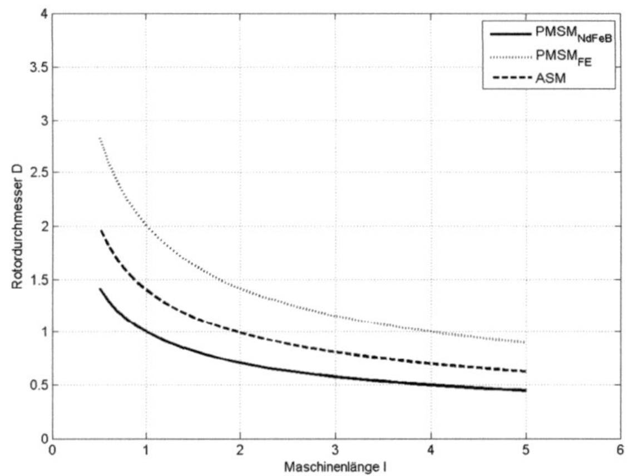

Abb. 1: Variation des Durchmessers und der Maschinenlänge für ein normiertes, konstantes Drehmoment für verschiedene Maschinenarten.

4   Ergebnis und Ausblick

Der bei der Elektrifizierung von mobilen Arbeitsmaschinen häufig begrenzt zur Verfügung stehende Bauraum, erfordert eine hohe Leistungsdichte des elektrischen Antriebs. Auf Basis der hier dargestellten allgemeingültigen Bewertungskriterien verschiedener Antriebsarten kann für diese Anwendung folgendes Fazit gezogen werden: Zur Reduktion der Baugröße bei gleichzeitigem Einhalten geforderter Drehmoment/Drehzahlkombination erscheinen Hochdrehzahlkonzepte als vorteilhaft. Die permanenterregte Synchronmaschine kann auf Grund der hohen Leistungsdichte und Wirkungsgrad als technisch beste Maschine für Traktionsantriebe genannt werden.

Literaturverzeichnis

[1] A. Szajek, „Motivation und Konzepte zum Einsatz elekrtischer Antriebstechnik im Ackerschlepper am Beispiel MELA," in Hybridantriebe für mobile Arbeitsmaschinen, Karlsruhe, 2007.

[2] M. Gallmeier und H. Auerhammer, Elektrische Antriebe in selbstfahrenden Landmaschinen, Weihenstephan:
http://www.tec.wzw.tum.de/fileadmin/Pressemappe/08_pressekonferenz_gallmeier.pdf, 2008.

Vom Labor in die Praxis:
Elektrische Antriebe auf dem Feld

Dipl.-Ing. (FH) Michael Feider

Jetter AG, Gräterstrasse 2, 71642 Ludwigsburg,
E-Mail: mfeider@jetter.de, Telefon: 07141/2550-439

Kurzfassung

Die Hybridisierung von Mobilen Arbeitsmaschinen ist längst mehr als eine Modeerscheinung. Während bei PKWs hauptsächlich das Fahren mit Elektroantrieben im Vordergrund steht, geht es bei mobilen Arbeitsmaschinen in der Regel darum, geeignete Nebenaggregate zu elektrifizieren. Im Focus sind dabei die gute Regelbarkeit und die hohe Dynamik von elektrisch angetrieben Aggregaten, aber natürlich auch die hohe Effizienz und die damit verbundene Kraftstoffeinsparung. Der Vortrag zeigt Anhand von drei ausgewählten Feldversuchen verschiedene Einsatzfälle für elektrische Antriebe in mobilen Arbeitsmaschinen.

- Mehrreihige Reihenhackmaschine mit elektrischem Hackwerkzeugantrieb zur mechanischen Unkrautbekämpfung im Zuckerrübenanbau

- Elektrischer Radantrieb in einer gezogenen Kartoffelerntemaschine (Fa. Grimme, Damme)

- Elektrifizierung einer Rundballenpresse (Fa. Krone, Spelle)

Im Einzelnen werden jeweils die Auswahl der Komponenten, der schematische Aufbau, sowie die Realisierung und die Ergebnisse der Feldversuche skizziert.

1   Einleitung

Die Hybridisierung von Mobilen Arbeitsmaschinen ist längst mehr als eine Modeerscheinung. Während bei PKWs hauptsächlich das Fahren mit Elektroantrieben im Vordergrund steht, geht es bei mobilen Arbeitsmaschinen in der Regel darum, geeignete Nebenaggregate zu elektrifizieren. Im Focus sind dabei die gute Regelbarkeit und die hohe Dynamik von elektrisch angetrieben

Aggregaten, aber natürlich auch die hohe Effizienz und die damit verbundene Kraftstoffeinsparung. Folgende Projekte werden vorgestellt:

- Mehrreihige Reihenhackmaschine mit elektrischem Hackwerkzeugantrieb zur mechanischen Unkrautbekämpfung im Zuckerrübenanbau
- Elektrischer Radantrieb in einer gezogenen Kartoffelerntemaschine (Fa. Grimme, Damme)
- Elektrifizierung einer Rundballenpresse (Fa. Krone, Spelle)

2 Ziele der Versuche

Die Versuche hatten unterschiedliche Zielsetzungen. Hauptsächlich galt es, folgende Fragen zu klären:

- ist die Elektrifizierung der Maschine machbar?
- Können die Prozesse durch die Elektrifizierung beschleunigt werden?
- Können die Prozessergebnisse durch die Elektrifizierung verbessert werden?
- Können die Prozesskosten durch Einsparungen bei Treibstoff und Arbeitszeit gesenkt werden?

3 Prinzipieller Aufbau der Maschinen

3.1 Reihenhackmaschine mit elektrischem Hackwerkzeugantrieb zur mechanischen Unkrautbekämpfung im Zuckerrübenanbau

Schematischer Aufbau

Abbildung 1 zeigt den schematischen Aufbau der elektrischen Anlage. Die Zapfwelle des Traktors treibt einen Generator an. Über einen Umrichter wird eine Zwischenkreisspannung von 700 VDC für die Verbraucher zur Verfügung gestellt. Diese Verbraucher sind pro Reihe ein Hackwerkzeugantrieb, sowie eine Höhenverstellung. Die Höhenverstellung erhält über einen Ultraschallsensor die genaue Höhe über dem Boden. Der Antrieb regelt die Höhe ständig nach, um das Werkzeug exakt in der idealen Position, etwa 2cm unter der Oberfläche, zu halten. Die ECU misst über ein Spornrad die Geschwindigkeit der Maschine. Die Geschwindigkeit der Hackanriebe ist eine Funktion aus Maschinengeschwindigkeit und Pflanzabstand. Aus diesen Parametern berechnet die ECU ein Übersetzungsverhältnis, welches an die Antriebe übertragen wird. Die Geschwindigkeit der Maschine wird als Mastergeschwindigkeit zyklisch auf den CANBus übertragen und die Antriebe regeln gemäß ihrem Übersetzungsverhältnis die Geschwindigkeit. Dies ist das Prinzip des elektrischen Getriebes. Über ein Kamerasystem wird der reale Pflanzabstand erfasst und ein Korrektursignal an die ECU geschickt. Die ECU berechnet daraus ein neues Übersetzungsverhältnis und überträgt es entsprechend an die Antriebe. So können beliebig viele Reihen unabhängig voneinander betrieben werden. Die Qualität des Prozesses ist nicht von der Reihenanzahl abhängig.

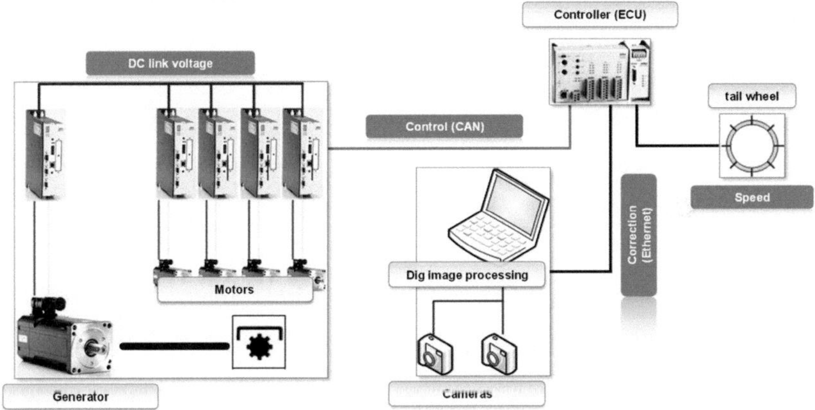

Abb. 1: Schematischer Aufbau der elektrischen Anlage

Ziel des Versuchs

Ziel des Versuches war es, durch die Verwendung von elektrischen Antrieben die Qualität, sowie die Flächenleistung zu erhöhen.

3.2 Elektrisch angetriebener Radantrieb in einer gezogenen Erntemaschine

Schematischer Aufbau

Der schematische Aufbau der Maschine wird in Abbildung 2 und 3 dargestellt. Die erforderliche elektrische Leistung wird von einem Zapfwellengenerator erzeugt. Ein separater Umrichter richtet die Wechselspannung des
Generators gleich und regelt die Gleichspannung. Diese wird als Zwischen-

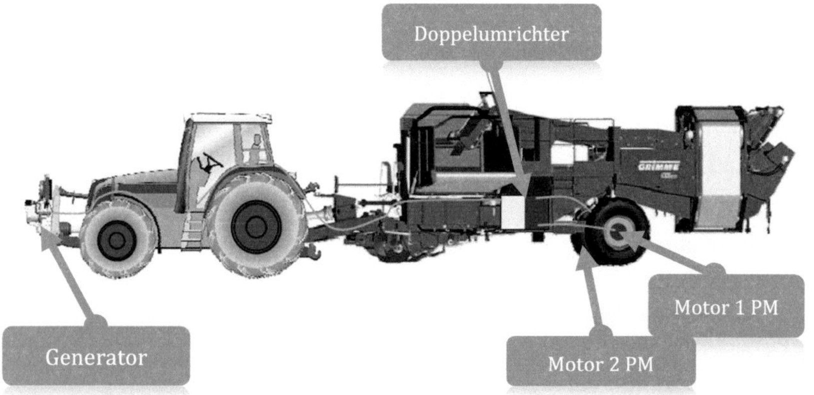

Abb. 2: Schematischer Aufbau der Maschine

kreisspannung in den Doppelumrichter JMM-5440 (JMM = JetMoveMobile)
eingespeist. An den JMM sind die beiden Radnabenmotoren angeschlossen.
Die Motoren sind über speziell entwickelte abschaltbare Planetengetriebe an
die Achse angebaut. Die Ausgangsleistung beträgt 2x 40 kW. Die Leistung
der Motoren 2x 18 kW. Der Antrieb ist als reiner Drehmomentantrieb ausgeführt.

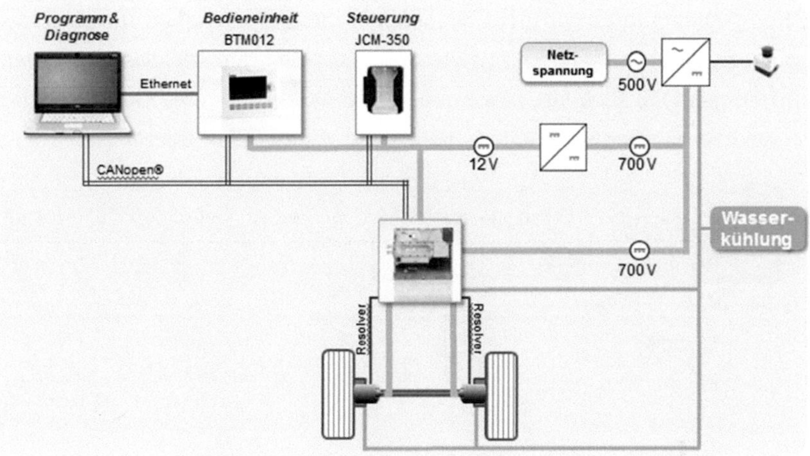

Abb. 3: Schematischer Aufbau der Maschine

Das gewünschte Drehmoment wird am Bediengerät auf dem Traktor eingestellt und über die ECU an den JMM weitergegeben. Die Regelung erfolgt
auf dem JMM. Die Motoren haben ein Resolverfeedback. Damit lassen sich
auch weitergehende Regelungen (Drehzahl, Position) oder Funktionen mit
sehr hoher Präzision und Dynamik lösen. Um die Baugrößen möglichst
gering und den hohen Schutzgrad einhalten zu können, sind sowohl der JMM
als auch die Motoren flüssigkeitsgekühlt.

Ziel des Versuchs

Bei diesem Feldversuch war das Ziel, die Machbarkeit zu demonstrieren und
durch die verbesserte Effizienz der elektrischen Komponenten den Kraftstoffverbrauch zu senken.

3.3 Elektrifizierung einer Ballenpresse

Der schematische Aufbau der Rundballenpresse ist in Abbildung 4 dargestellt. Auch bei dieser Maschine kommt die elektrische Energie von einem
Zapfwellengenerator. Allerdings erfolgt die Gleichrichtung und Regelung der

Gleichspannung in einem JMM bei dem ein interner Umrichter im generatorischen Betrieb läuft. Dieser Teil versorgt insgesamt drei elektrische Achsen mit Energie. Den Pick-Up, sowie die beiden Wickelantriebe. Die Parameter werden über ein Bediengerät eingegeben und von der ECU überwacht.

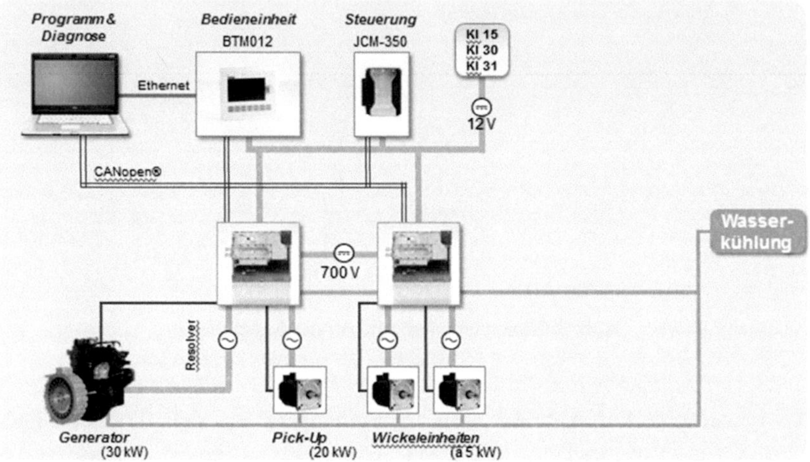

Abb. 4: Schematischer Aufbau einer Rundballenpresse

Ziel des Versuchs

Bei diesem Versuch liegt der Fokus klar auf der Verbesserung des Prozesses. Je nach Folientyp und Witterung ändert sich die Viskosität der Folie. Mit hydraulischen Antrieben ist ein Folienabriss nur schwer zu verhindern. An elektrischen Antrieben ist das Drehmoment proportional zum Strom, der in den Motor fließt. Der Strom wird im JMM alle 62,5 µs gemessen und sehr fein aufgelöst. Ein plötzlicher Abfall des Stromes deutet auf einen beginnenden Folienriss hin. Auf dieses Ereignis kann mit einem sofortigen Stopp reagiert und ein kompletter Folienabriss verhindert werden. Abbildung 5 zeigt das Abbremsen der gesamten Wickeleinheit innerhalb von 450ms nach der Detektion eines kritischen Wertes.

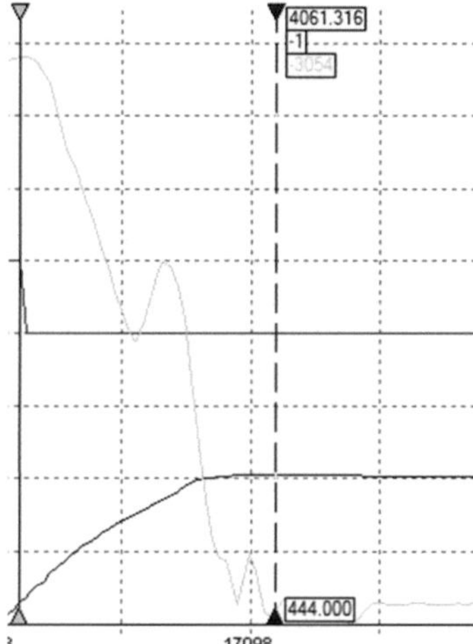

Abb. 5: Abbremsvorgang der Wickeleinheit

4 Auswahl der Komponenten

Die Auswahl der Komponenten ist oftmals schwierig, da als Referenz lediglich die zuvor eingesetzten hydraulischen Komponenten vorliegen. Mathematische Ansätze sind nur bedingt aussagefähig, da die unterschiedliche Zusammensetzung der Böden und unterschiedliche Verschmutzungsgrade nur unzureichend berücksichtigt werden können. Im ersten Ansatz wurden Antriebe eingesetzt, die in Ihrer Leistung den zuvor eingesetzten hydraulischen Aggregaten entsprachen. Auf einem Motorprüfstand wie in Abbildung 6 dargestellt wurden verschiedene Lastprofile durchgefahren und die Software auf die Versuche angepasst. Auf dem Motorenprüfstand ist es möglich eine Zapfwelle und verschiedene Nebenantriebe bis zu einer Leistung von 80kW zu simulieren. Dabei werden die Antriebe der Arbeitsmaschine von einer über eine Wellenkupplung verbundenen E-Maschine belastet. Somit können Reaktionsgeschwindigkeiten, Drehzahlen und Drehmomente hochpräzise simuliert und gemessen werden. Die Resultate fließen anschließend in die Auswahlkriterien der einzelnen Komponenten ein.

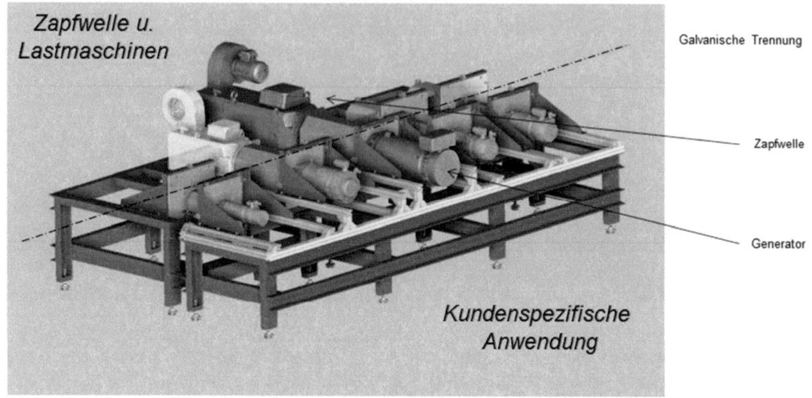

Abb. 6: Motorenprüfstand

Eine weitere Möglichkeit, möglichst einfach vom Labor an die Maschine zu kommen ist die Verwendung eines Starter-Kits, welches alle wesentlichen Elemente beinhaltet, die zum elektrischen Antreiben einer Achse notwendig sind und es erlaubt, im Labor die Funktionsweise zu testen und mit derselben Hardware an der Maschine die Tauglichkeit nachzuweisen. Ein solches Starter-Kit besteht aus einer Bedieneinheit, einer ECU und bis zu drei JMM (6 Antriebe). Zunächst kann im Labor der Bewegungsablauf an stationär an einer Standard 400VAC Steckdose programmiert und simuliert werden. Im zweiten Schritt werden die Motoren in die Maschine eingebaut. Alle weiteren Komponenten verbleiben in der Laborumgebung. Damit sind Messungen und Fehlersuche während der Inbetriebnahme sehr einfach möglich. Im letzten Schritt wird die restliche Steuerungshardware auf die Maschine montiert und mit der mobilen Energiequelle (z.B. PTO-Generator) verbunden. Damit werden dann die eigentlichen Feldtests durchgeführt.

5   Realisierung

Die meisten dieser Maschinenkonzepte sind neuartig, so dass die Hersteller von Komponenten in der Regel keine Standardkomponenten heranziehen können. Diese müssen entweder komplett neu entwickelt, oder zumindest angepasst werden. Dies stellt die Konstrukteure vor große Herausforderungen. Es stehen nur sehr begrenzte Einbauräume zur Verfügung. Das Gewicht der Maschinen soll durch die neuen Antriebe möglichst nicht größer werden. Die Umweltanforderungen sind hoch und vor allem Kühlungskonzepte sind schwierig, da Konvektionskühlung aufgrund von Schlamm, Staub und aggressiven Flüssigkeiten nicht zuverlässig funktioniert. Anschließend müssen die Komponenten Ihre Praxistauglichkeit unter Beweis stellen.

6 Ergebnisse und Erkenntnisse

Die verschiedenen Feldversuche haben eine Vielzahl an wertvollen Erkenntnissen gebracht. Das Verständnis für die Erfordernisse der Maschinen und die Möglichkeiten der elektrischen Antriebe wurde vertieft. Dies ist für die Weiterentwicklung der Prototypen zu Serienmaschinen enorm wichtig. Die Ergebnisse der Feldversuche werden im Augenblick weiter ausgewertet. Im Allgemeinen lassen sich folgende Resultate festhalten:

- Die bessere Regelbarkeit der Elektroantriebe kann die Arbeitsgeschwindigkeit der Maschinen positiv beeinflussen

- Elektroantriebe haben einen höheren Freiheitsgrad bezüglich Regelung und Interaktion zwischen verschiedenen Antrieben, was neue Arbeitsprozesse erlaubt.

- Drehmoment, Geschwindigkeit und Position können direkt gemessen werden.

- Die Maschinen werden unabhängiger von der verfügbaren Traktorhydraulik

- Keine Leckage

- Besserer Wirkungsgrad

Für die einzelnen Maschinen wurden folgende Resultate festgestellt:

Elektrischer Hackantrieb in einer mechanischen Hackmaschine

Die Ziele aus dem Versuch der Hackmaschine konnten erreicht werden.

- Die Arbeitsgeschwindigkeit und somit die Flächenleistung wurde erhöht

- Die Verluste kultivierter Pflanzen durch ungenaue Maschinenvorgänge wurden reduziert

Radantrieb an einer gezogenen Erntemaschine

Dieser Versuch hatte zum Ziel, die Machbarkeit einer solchen Lösung zu beweisen und eine Effizienzsteigerung zu erreichen. Die Machbarkeit konnte nachgewiesen werden. Die Resultate bezüglich der Effizienz sind noch nicht endgültig ausgewertet.

Elektrische Wickelantriebe an einem Ballenwickler

Das vorrangige Ziel dieses Versuches war, den Prozess zu verbessern und die Arbeitsunterbrechungen durch Folienrisse zu eliminieren. Die bisherigen Resultate lassen darauf schließen, dass dieses Ziel mit elektrischen Antrieben erreicht wird. Als Zusatznutzen lässt sich noch feststellen, dass die Effizienz der Maschine durch den Ersatz der hydraulischen Komponenten erhöht wird.

Einsatz elektrischer Energierückgewinnung auf Containerportalstaplern

Dipl.-Ing. TU Jens Wachsmuth

*Konecranes GmbH, Straddle Carrier Business, Falk-Müller Straße 1,
97941 Tauberbischofsheim, Deutschland
E-Mail: jens.wachsmuth@konecranes.com
Telefon: +49(0)9341/89541-20*

Kurzfassung

Konecranes, einer der weltweit führenden Hersteller und Anbieter von Krananlagen, Hebezeugen und Kranservice übergab Anfang 2012 die ersten Containerportalstapler mit elektrischer Energierückgewinnung in den täglichen Einsatz in einem Hochleistungscontainerterminal in Hamburg. Dort werden diese Maschinen im direkten Vergleich mit ansonsten baugleichen Fahrzeugen ohne Energierückgewinnung betrieben und die gewonnenen Erkenntnisse mit den zuvor gesteckten Zielen abgeglichen, sowie für die Weiterentwicklung des Systems genutzt.

Stichworte

Containerportalstapler, Straddle Carrier, Hybridantrieb, elektrische Energierückgewinnung, hydraulische Energierückgewinnung, Kraftstoffeinsparung

1   Einleitung

Am Standort in Tauberbischofsheim entwickelt und fertigt Konecranes mit ca. 50 Mitarbeitern Containerportalstapler, international als Straddle Carrier bezeichnet.

Containerportalstapler, bzw. Straddle Carrier sind hochflexible Spezial-Flurförderfahrzeuge, die je nach Ausrüstung ein oder zwei ISO-Container mit einem Stückgewicht von bis zu 40 t anheben und bewegen können. Mit einer

Bauhöhe von maximal 16 Metern können sie bis zu vier Containern übereinander stapeln. Diese Fahrzeuge und kommen überall dort zum Einsatz, wo Container in großen Stückzahlen bewegt und gelagert und umgeschlagen werden müssen. Vornehmliches Einsatzgebiet sind internationale Containerterminals für den Seeverkehr.

Abb. 1: Straddle Carrier im Betrieb

Da die Containerterminals im Allgemeinen mindestens 10 bis maximal 200 Fahrzeuge dieser Art an einem Ort im Einsatz haben und der Hafenbetrieb in Hochleistungsterminals rund um die Uhr läuft, ist der Kraftstoffverbrauch und die Schadstoffemission ein entscheidender Wirtschaftsfaktor.

Aus diesem Grund suchte Konecranes nach Möglichkeiten zur Energieeinsparung. Da die Fahrzeuge im üblichen Betriebszyklus relativ häufig große Lasten beschleunigen, verzögern, anheben und absenken, liegt es nahe über die Entwicklung eines Energierückgewinnungssystems, umgangssprachlich „Hybridantrieb" genannt, nachzudenken. Im Rahmen der Entwicklung wurden sowohl eine rein elektrische Energierückgewinnung mit Ultrakapazitoren (Supercaps), als auch eine hydraulische Energierückgewinnung mit hydraulischen Druckspeichern als Speichermedium untersucht.

2 Ausgangsbasis

2.1 Antriebssystem

Konecranes Straddle Carrier werden durch ein dieselelektrisches Antriebssystem angetrieben, das wie folgt aufgebaut ist. Ein Dieselmotor mit einem Hubraum von 13 Litern und einer Leistung von ca. 330 kW treibt einen Generator an, der die Bewegungsenergie der Kurbelwelle in elektrische Energie wandelt. Die vom Generator erzeugte Wechselspannung wird über Gleichrichter in eine Gleichstromschiene eingespeist. Diese Gleichstromschiene versorgt über Wechselrichter die Fahrantriebs- und Hubwerkselektromotoren mit elektrischer Energie, treibt sie an und regelt über Frequenzveränderung deren Geschwindigkeit. Diese zugeführte Energie wird zum Heben der Last und für die Fahrbewegung genutzt.

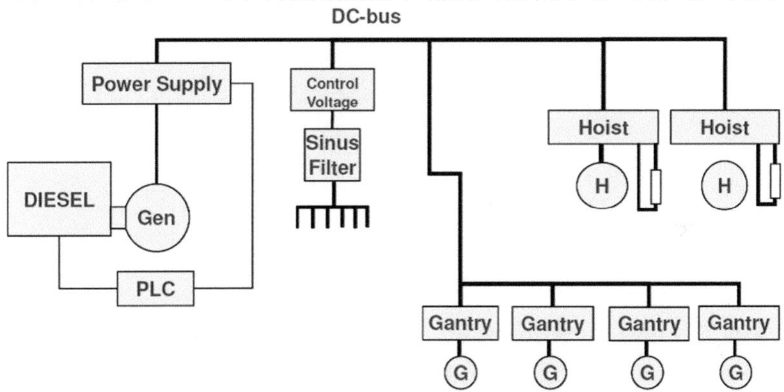

Abb. 2: Antriebssystem eines Straddle Carriers

Beim Abbremsen und Senken der Last, sowie beim Verzögern des Fahrzeugs werden diese Elektromotoren zu Generatoren und speisen elektrische Energie über die Wechselrichter, die nun in umgekehrter Richtung als Gleichrichter arbeiten, auf die Gleichstromschiene zurück. Die rückläufige elektrische

Energie wird in einem Bremswiderstand komplett in Wärmeenergie umgewandelt.

2.2 Betriebszyklus

Um die Verbrauchswerte verschiedener Fahrzeuge zu vergleichen, hat sich im Portalstaplermarkt ein Messzyklus durchgesetzt, der auf einer Festlegung des deutschen Terminalbetreibers Eurogate beruht.

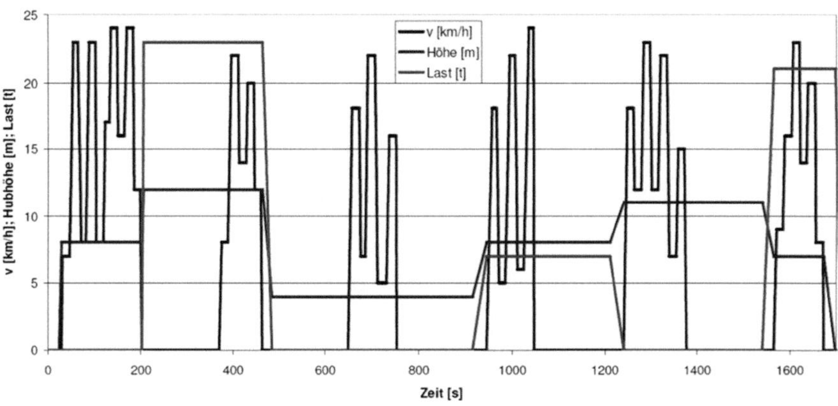

Abb. 3: Fahr- und Lastzyklus eines Straddle Carriers [1]

Dieser Messzyklus beinhaltet diverse Fahr- und Hubmanöver, die exemplarisch den üblichen Betriebszyklus eines Straddle Carriers im täglichen Betrieb abbilden. Für alle weiteren Untersuchungen, Simulationen und Entwicklungen wurde dieser Messzyklus als Basis angenommen.

3 Hydraulische Energierückgewinnung

Konecranes entwickelte im Rahmen der Studien zur Einführung eines Energierückgewinnungssystems für Containerportalstapler und anwendungsverwandte Fahrzeuge aus dem Produktportfolio des Unternehmens ein hydraulisches System zur Energierückgewinnung. Dieses System wurde unter

Laborbedingungen auf seine Praxistauglichkeit und seinen Wirkungsgrad getestet [3].

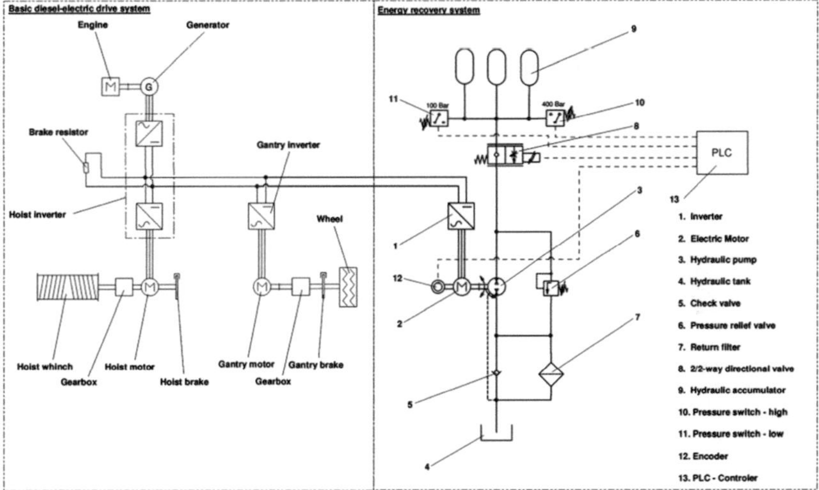

Abb. 4: Aufbau eines hydraulischen Energierückgewinnungssystems

Der schematische Testaufbau ist in Abb. 5 dargestellt. Die im Test verwendeten Komponenten sind in der folgenden Tab. 1 aufgeführt:

Component	Manufacturer/model	Quantity
Inverter	Vacon D2V 250kW	1
Electric motor	Konecranes MT16ZS200	1
Hydraulic pump-motor	BoschRexroth A7VO107EP63RNZB01	1
Accumulator	Hydroll HPS11-350-250-800	1
Accumulator safety block	Hydac SAF20M12T360A	1
Pressure relief valve	Sun hydraulics RPIC LCN	1
On/Off–valve	Hydraforce SF20-22M-20TD-V-24ER	1
Oil	Teboil ISO VG 46	120 L
Pressure sensor	IFM electronic PA3020	2
Pressure switch	IFM electronic PK6530	2
Temperature sensor	IFM electronic TT3081	1
Temperature sensor	Hydac ETS 4144-A-000	1
Flow rate sensor	Parker SCFT-300	1

Tab. 1: Komponenten des Testsystems [2]

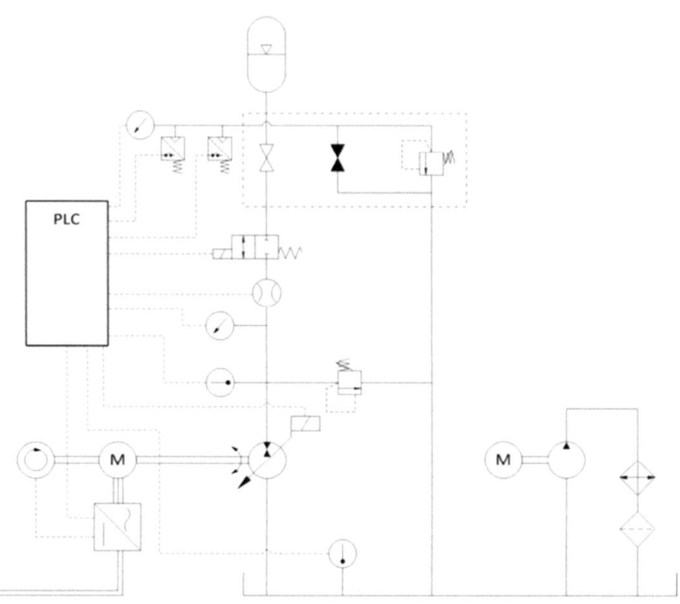

Abb. 5: Schematische Darstellung des Testsystems [3]

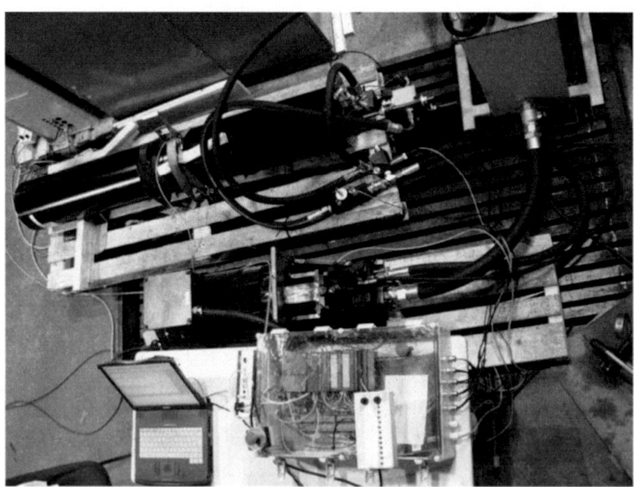

Abb. 6: Testaufbau zur Untersuchung der hydraulischen Energierückgewinnung [3]

Die Effektivität des Systems wurde in den Regelarten Drehzahlregelung, Volumenregelung und Leistungsregelung getestet, um den Einfluss der verschiedenen Regelungsprinzipien zu überprüfen.

Wie aus Tab. 2 hervorgeht, wurde für die hydraulische Energierückgewinnung je nach Regelprinzip der Pumpenregelung ein Wirkungsgrad von 47%-50% ermittelt.

	Energy consumed by the system [kWh]	Energy generated by the system [kWh]	Overall efficiency
Rotation control	1.3721	0.6566	0.4786
Displacement control	1.3770	0.6922	0.5027
Power control	1.3949	0.6671	0.4782

Tab. 2: Energieniveaus und Effektivität des hydraulischen Energierückgewinnungssystems [3]

Für die weiteren Wirtschaftlichkeitsberechnungen zur Ermittlung des voraussichtlich am besten für die Anwendung im Straddle Carrier geeignetsten Energiespeichersystems, wird im Folgenden folgender Wirkungsgrad der hydraulischen Energiespeicherung angenommen:

$$\eta_{hydr.} = 50\%$$

4 Elektrische Energierückgewinnung

Die zweite von Konecranes untersuchte Alternative der Energierückgewinnung basiert auf der Speicherung elektrischer Energie mittels Kondensatoren, umgangssprachlich und im Weiteren als Supercaps bezeichnet. Diese Art der Energierückgewinnung in der Anwendung auf einem Portalstapler wurde bereits 2008 durch J.Hammer und M.Crampen [1] im Rahmen einer Konzeptstudie untersucht.

In 2011 ließ Konecranes auf Basis eigener Erfahrungen, Messwerten aus dem Betrieb von 30 Straddle Carriern in einem Hamburger Hochleistungsterminal und der o.a. Konzeptstudie durch A. Leivo, M. Heiska und A. Hentunen eine weitere Systemsimulation durchführen [2]. Mit dieser erneuten Simulation sollte die Konzeptstudie von J.Hammer und M.Crampen [1] auf einer breiteren Datenbasis untersucht und verifiziert werden. Weiterhin war zu untersuchen, ob und in welcher Weise die, für einen möglichen Prototypaufbau vorgesehenen, Komponenten die Effizienz des Systems beeinflussen.

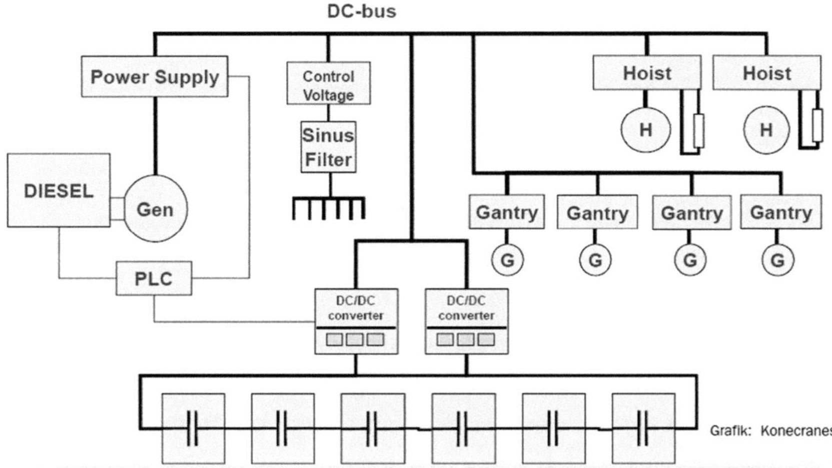

Abb. 7: Antriebssystem eines Straddle Carriers mit elektrischer Energierückgewinnung

Der schematische Aufbau des simulierten Systems geht aus Abb. 7 hervor. Bei der elektrischen Energierückgewinnung wird die Energie, die beim Brems- oder Senkvorgang aus den, in diesen Betriebszuständen als Generatoren arbeitenden, Elektromotoren frei wird, direkt und ohne weitere Wandlung gespeichert. Die elektrische Energie wird über Wechselrichter zurück auf die Gleichstromschiene (DC-Bus) gespeist. Die elektrische Spannung auf der Gleichstromschiene wird durch DC/DC-Wandler geregelt in die Supercap-Kondensatoren geladen. Bei Bedarf wird die gespeicherte Energie über den

DC/DC-Wandler abgerufen und zum Beschleunigen des Fahrantriebs oder zum Heben verwendet.

Sollten die Supercap-Kondensatoren bei einem Brems- oder Senkvorgang bereits vollgeladen sein, so wird auch bei diesem System die überschüssige elektrische Energie, wie im klassischen dieselelektrischen Antrieb gemäß Abschnitt 2.1., in einem Bremswiderstand in Wärmeenergie gewandelt.

Um für weitere Wirtschaftlichkeitsberechnungen eine Grundlage zu haben, wurden für den Wirkungsgrad des Speichersystems und die mögliche Kraftstoffeinsparung im normalen Betrieb die Mittelwerte aus den beiden Studien [1] und [2] angenommen.

Der Wirkungsgrad des elektrischen Speichersystems berechnet sich als Mittelwert aus den beiden Studien [1] und [2] zu:

$$\eta_{elektr} = 88\%$$

Die Kraftstoffeinsparung des elektrischen Speichersystems im normalen Straddle Carrier Betrieb berechnet sich als Mittelwert aus den beiden Studien [1] und [2] zu:

$$\Delta_{elektr} = 11\%$$

5 Bewertung der Konzepte

Folgende Kriterien wurden zur Evaluierung der Energiespeicherkonzepte herangezogen:

- Zu erwartende Kraftstoffeinsparung im Betrieb
- Zu erwartende Systemanschaffungskosten für den Endkunden
- Amortisationszeit der Energierückgewinnungsanlage im Betrieb
- Wartungsaufwand im Betrieb

5.1 Berechnung der zu erwartenden Kraftstoffeinsparung bei Verwendung der hydraulischen Energierückgewinnung

Die zu erwartende Kraftstoffeinsparung bei Verwendung der hydraulischen Energierückgewinnung errechnet sich auf Basis der Untersuchungen von

I. Leppänen [3] und der angenommenen Werte des elektrischen Systems gem. Abschnitt 4 zu:

$$\Delta_{hydr} = (\Delta_{elektr} * \eta_{elektr}) / \eta_{hydr} = 6,25\% \quad [4]$$

5.2 Berechnung der Amortisationszeit

Die Amortisationszeit der Systeme unter Berücksichtigung der üblichen jährlichen Betriebszeiten eines Straddle Carriers in einem deutschen Hochleistungsterminal, der voraussichtlichen Kraftstoffeinsparungen, der Systemkosten für den Endkunden, sowie wahrscheinlicher Serieneffekte und zu erwartender Preisentwicklungen am Kraftstoffmarkt wurden durch J.Wachsmuth im Rahmen einer Facharbeit [4] untersucht.

Es wurde für das hydraulische Energierückgewinnungssystem eine Amortisationszeit von

$$T_{Amort\ hydr.} = 6,17\ Jahren\ [4]$$

Und für das elektrische Energierückgewinnungssystem eine Amortisationszeit von

$$T_{Amort\ elektr.} = 4,99\ Jahren\ [4]$$

ermittelt, was einen deutlichen Vorteil für das elektrische Energierückgewinnungssystem zeigt.

5.3 Bewertung des Wartungsaufwands

Weitere Vorteile für das elektrische Energierückgewinnungssystem zeigen sich bei der Bewertung des jährlichen Wartungsaufwands.

Bei Verwendung der elektrischen Energierückgewinnung sind die Komponenten bei der wiederkehrenden Wartung lediglich einer Sichtprüfung zu unterziehen und die Verschraubungen der Leistungskabel auf festen Sitz zu überprüfen. Die Komponenten des Systems sind ansonsten gemäß Datenblättern als wartungsfrei zu betrachten.

Bei Verwendung der hydraulischen Energierückgewinnung ist mindestens einmal jährlich das Hydrauliköl des Speichersystems und mindestens zweimal pro Jahr die Hydraulikfilter zu wechseln. Weiterhin sind die Druckspeicher jährlich einer Druckbehälterprüfung zu unterziehen und aus Erfahrung wird auch die Hydraulikpumpe mindestens einmal während der Betriebszeit des Straddle Carriers (ca. 50.000 h) überholt werden müssen.

6 Prototypfahrzeug

Nachdem im Rahmen aller o.a. Untersuchungen festgestellt wurde, dass das elektrische System zur Energierückgewinnung voraussichtlich wirtschaftlicher zu betreiben ist, wurden im Rahmen eines Endkundenauftrages die ersten zwei Straddle Carrier mit einem solchen System ausgerüstet und im Frühjahr 2012 in den normalen Hafenbetrieb am Eurogate Containerterminal in Hamburg übergeben.

6.1 Aufbau

Der Aufbau des Systems entspricht dem bereits in Abb. 7 dargestellten Schema.

Als DC/DC Umrichter kommen je Fahrzeug zwei Einheiten vom Typ 200DCDC750DE des Finnischen Herstellers MSc Electronics OY mit den folgenden technischen Daten zum Einsatz.

Modell	200DCDC750DE
Betriebsart	Bidirektional
Eingangsspannungsbereich	35 – 750 VDC
Eingangsnennstromstärke	120 A
Max. Eingangsstromstärke	200A (1 Min. / 10 Min.)
Ausgangsspannungsbereich	100 – 750 VDC
Ausgangsnennstromstärke	120 A
Max. Ausgangsstromstärke	200A (1 Min. / 10 Min.)
Max. Wirkungsgrad	96 %

Tab. 3: Technische Daten der verwendeten DC/DC Wandler [5]

Als Speichermedium kommen je Fahrzeug sechs in Reihe geschaltete Super-cap-Module vom Typ BMOD0063P 125 B08 des US-amerikanischen Her-stellers Maxwell Technologies, Inc. mit den folgenden technischen Daten zum Einsatz.

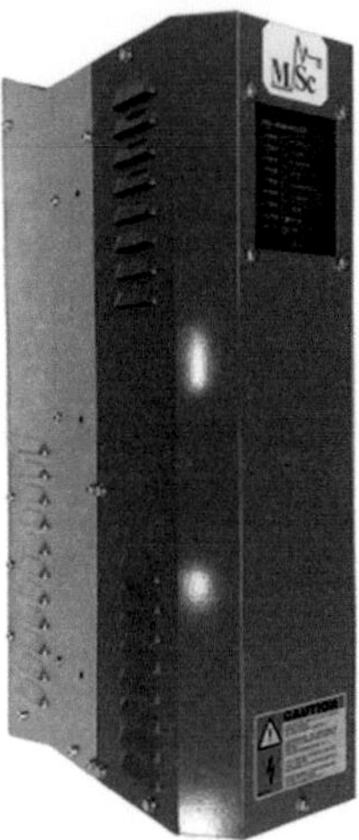

Abb. 8 DC/DC Wandler 200DCDC750DE, MSc Electronics OY [5]

Modell	BOMD0063 P125 B08
Nennkapazität	63 F
Nennspannung	128 V
Maximalspannung	136 V
Maximaler Dauerstrom ($\Delta T = 15°C$)	140 A$_{RMS}$
Maximaler Dauerstrom ($\Delta T = 40°C$)	240 A$_{RMS}$
Maximaler Spitzenstrom, 1 sec.	1.900 A
Max. Spannung bei Serienschaltung	1.500 V
Betriebstemperaturbereich	-40°C bis +65°C
Gewicht	60,5 kg
Isolationsklasse	IP65

Tab. 4: Technische Daten der verwendeten Speichermodule [6]

Auf den folgenden Abbildungen Abb. 9 und 10 ist ein Supercap-Modul, sowie die Installation der Energierückgewinnungsanlage am Straddle Carrier dargestellt.

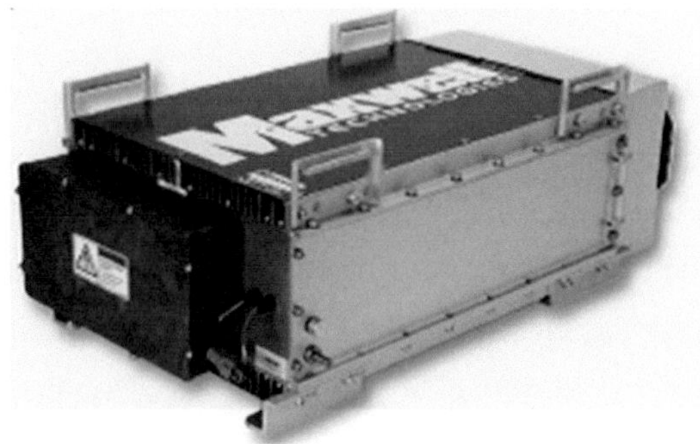

Abb. 9: Supercap Modul BMOD0063 P125 B08, Maxwell Technologies [6]

Abb. 10: Straddle Carrier mit elektrischer Energierückgewinnungsanlage

6.2 Regelkonzept

Das Regelungskonzept sieht verschiedene Zustände für das Laden und Entladen der Supercaps vor. Betriebszustände in denen die Speicher geladen werden:

- Vorladung der Speicher, sobald das Fahrzeug gestartet wird.
- Ladung, sobald ein Energieüberschuss auf der Gleichstromschiene erkannt wird. Das heißt bei jedem Bremsvorgang des Fahrwerks und bei jedem Senkvorgang des Hubwerks.
- Ladung der Speicher, wenn das Fahrzeug in erhöhter Dieselmotordrehzahl betrieben wird, aber keine Last vom Fahr- oder Hubwerk angefordert ist. Mit dieser Maßnahme wird dem Motor bei erhöhter Drehzahl eine Last gegeben, wodurch sich sein Betriebszustand in einen effizienteren Betriebsbereich verschiebt.

Betriebszustände in denen die Speicher entladen werden:

- Bei jedem Beschleunigungsvorgang des Fahrwerks
- Bei jeder Fahrbewegung, solange noch gespeicherte Energie vorhanden ist
- Bei jeder Hubbewegung

Die Grenzen der Entladung sind in zwei Stufen festgelegt. Für Fahrbewegungen ist die Untergrenze, bis zu der entladen wird, etwas höher festgelegt als für Hubwerksbewegungen. Damit ist immer sichergestellt, dass auch nach langen Fahrstrecken immer noch eine Restkapazität für die nächste Hubbewegung verbleibt, die im Allgemeinen einen größeren Energiebedarf aufweist, als eine konstante Fahrbewegung.

Zusätzlich wird auch das Drehzahlniveau des Dieselmotors je nach Betriebszustand um 50 - 200 U/min gegenüber dem Zustand ohne Energierückgewinnung abgesenkt. Mit dieser Maßnahme verschiebt sich der Betriebszustand des Dieselmotors zusätzlich in einen deutlich effizienteren Betriebsbereich.

6.3 Betriebserfahrungen

Die ersten zwei Konecranes Straddle Carrier mit elektrischer Energierückgewinnungsanlage sind nach der Inbetriebnahmephase seit Juli 2012 im normalen Betriebseinsatz auf dem Eurogate Containerterminal in Hamburg. Seit der Übergabe in den Betrieb erweisen sich die Anlagen als sehr zuverlässig und ausfallsicher. Es ist bisher keines der beiden Testfahrzeuge durch einen Ausfall am Energierückgewinnungssystem aufgefallen.

Aus der folgenden Tab. 5 ist zu entnehmen, wie sich der Kraftstoffverbrauch der Fahrzeuge mit Energierückgewinnungssystem von den Fahrzeugen mit Standardausrüstung unterscheidet:

	Fahrzeuge ohne Rückgewinnung	1. Fahrzeug mit Rückgewinnung	2. Fahrzeug mit Rückgewinnung
Zeitraum	26.07. – 17.09.12	26.07. – 17.09.12	26.07. – 17.09.12
Betriebsstunden	592,2 h	524 h	279 h
Verbrauch	22,3 l/h	20,3 l/h	20,0 l/h
Ersparnis		8,97 %	10,32 %
Zeitraum	25.09. – 12.11. 12	25.09. – 12.11. 12	25.09. – 12.11. 12
Betriebsstunden	574,1 h	693 h	171 h
Verbrauch	22,2 l/h	20,6 l/h	17,7 l/h
Ersparnis		7,2 %	20,27 %

Tab. 5 Betriebsdauer und Kraftstoffverbrauch

Es ist deutlich zu erkennen, dass die Fahrzeuge mit Energierückgewinnungssystem zwischen 7 % und 20 % Kraftstoff gegenüber den Standardfahrzeugen einsparen. Die deutlichen Unterschiede sind noch nicht endgültig zu erklären. Um eine klarere Tendenz zu erkennen, müssen die Fahrzeuge über einen noch längeren Zeitraum beobachtet werden.

Die Einsatzzeit des ersten Fahrzeuges mit Energierückgewinnung unterscheidet sich dabei nur unwesentlich von der durchschnittlichen Einsatzzeit der Fahrzeuge ohne Energierückgewinnung, was zeigt, dass dieses Fahrzeug sich in der Zuverlässigkeit nicht von den übrigen Fahrzeugen unterscheidet.

Die deutlich kürzere Einsatzzeit des zweiten Fahrzeuges ist zurzeit noch dadurch begründet, dass dieses Gerät neben der Energierückgewinnungsanlage noch einige weitere Neuerungen enthält und deshalb hauptsächlich zu Schulungszwecken und nur eingeschränkt im normalen Hafenbetrieb eingesetzt wird.

7 Ergebnis und Ausblick

Nach etwa einem halben Jahr im Dauereinsatz auf einem Hochleistungscontainerterminal in Hamburg beweisen die ersten Konecranes Straddle Carrier mit elektrischer Energierückgewinnungsanlage, dass diese Technik den harten Anforderungen im Hafenbetrieb gewachsen ist und zuverlässig betrieben werden kann. Weiterhin bestätigen sich die aus mehreren Simulationen und Untersuchungen in die Technologie gesetzten Erwartungen.

So erscheint auf lange Sicht und durch weitere Optimierungen am System und am Regelkonzept eine Kraftstoffersparnis von 10 – 20 % für realistisch und ohne größeren zusätzlichen finanziellen Einsatz für machbar.

Zusätzliche Einsparungen sind außerdem dadurch zu erwarten, dass bei Einsatz von Energierückgewinnungssystemen die installierte Motorleistung um bis zu 30 % reduziert [1] werden kann, ohne dass die Fahrzeugperformance eingeschränkt werden muss, da die Spitzen des Leistungsbedarfs aus dem Energiespeicher abgedeckt werden können.

Literaturverzeichnis

[1] J. Hammer, M. Crampen. Theoretische Konzeption eines Hybridantriebs für ein Portalhubfahrzeug, Projektbericht 85820, Forschungsgesellschaft Kraftfahrwesen mbH, Aachen. 2008.

[2] A. Leivo, M. Heiska, A. Hentunen. Konecranes electric hybrid straddle carrier simulation. Hybria, Konecranes, Report D000065, 2011.

[3] I. Leppänen. Hydraulic Energy Storage in Diesel-Electric Port Crane, Master of Science Thesis, Tampere University of Technology, 2011

[4] J. Wachsmuth. Wirtschaftlichkeit von Energierückgewinnungssystemen am Beispiel von Containerportalstaplern. Facharbeit am Hoffmann von Fallersleben Gymnasium, Braunschweig, 2012.

[5] N.N. Document no. 11032010-A, Datasheet Bidirectional DCDC Converters, MSc
Electronics, Tampere, Finland, 2010

[6] N.N. Document no. 1014696.3, Datasheet 125V Heavy Transportation Modules,
Boostcap Ultracapacitor, Maxwell Technologies, Inc., San Diego, USA

Vergleichsuntersuchung am selbstfahrenden Rübenvollernter mit elektrischem und hydrostatischem Fahrantrieb

Mirko Lindner, Steffen Wöbcke, Benjamin Striller, Thomas Herlitzius

Lehrstuhl Agrarsystemtechnik, Institut für Verarbeitungsmaschinen und Mobile Arbeitsmaschinen, 01069 Dresden, Deutschland, E-Mail: lindner@ast.mw.tu-dresden.de, Telefon: +49 (0)351/463-39793

Kurzfassung

Am Beispiel eines Rübenvollernters wird ein Systemvergleich zwischen hydrostatischem und dieselelektrischem Fahrantrieb gezeigt. Wie die meisten Erntemaschinen sind Rübenroder mit hydrostatischem Fahrantrieb ausgerüstet, um eine stufenlose Geschwindigkeitsanpassung an den Ernteprozess zu gewährleisten. Diese Antriebe entsprechen dem neuesten Stand der Technik, dennoch ist deren Wirkungsgrad mäßig. Für eine Effizienzsteigerung wurde die Antriebsart gewechselt und dazu ein dieselelektrisches Funktionsmuster aufgebaut, das mit der hydrostatischen Serienmaschine verglichen wurde. Im Resultat konnte die Fahrleistung angehoben und der Kraftstoffverbrauch gesenkt werden.

Stichworte

mobile Arbeitsmaschine, dieselelektrischer Antriebsstrang, Wirkungsgrad, Effizienz

1   Einleitung

Ein Großteil der selbstfahrenden Erntemaschinen in der Landwirtschaft, die sich durch eine hohe Schlagkraft auszeichnen, ist mit einem hydrostatischen Fahrantrieb ausgestattet. Diese Form des Fahrantriebes ermöglicht die für den Arbeitsprozess notwendige stufenlose Anpassung der Fahrgeschwindigkeit an unterschiedliche Erntebedingungen einschließlich des Stillstandes ohne einen Kupplungsvorgang. Weitere Anforderungen an Fahrantriebe in selbstfahrenden landwirtschaftlichen Erntemaschinen sind der Fahrtrichtungswechsel ohne Schaltvorgang, ein gutes Ansprechverhalten, hohes Drehmomentvermögen bereits bei geringer Drehzahl, Transportgeschwindigkeiten bis v = 20 km/h (optional bis 40 km/h), ein hoher Wirkungsgrad in allen Lastbereichen, sowie eine Schlupf- und Traktionskontrolle auch im Hinblick auf die Bodenschonung. Bislang haben hydrostatische Antriebssysteme unter Berücksichtigung von Gewicht und Kosten diese Anforderungen am besten erfüllt. Ein großer Nachteil der Hydraulik ist jedoch der im Vergleich zur Mechanik mäßige Wirkungsgrad [1], insbesondere im Teillastbereich. Die auftretenden Lastzyklen sind durch eine sehr breite Verteilung der Betriebspunkte gekennzeichnet, was die Auslegung auf einen hohen Gesamtwirkungsgrad erschwert. Unter dem Gesichtspunkt von hohen installierten Leistungen und steigenden Dieselkraftstoffkosten ist dies ein bedeutender Aspekt. Elektrische Antriebe zeichnen sich durch einen im Vergleich zur Hydraulik besseren Wirkungsgrad aus, der auch im Teillastbereich nicht signifikant sinkt. Darüber hinaus sind diese hervorragend steuer- und regelbar und verfügen über eine hohe Dynamik. Zugleich ist der Leistungsfluss im Antriebsstrang über eine integrierte Strom- und Spannungsmessung bekannt. Verschiedene Analysen [2] zeigen, dass zukünftig elektromechanische Antriebe in mobilen Landmaschinen und Geräten zum Zweck von Effizienzsteigerungen und Funktionalitätserweiterungen an Bedeutung gewinnen werden. Die Elektrifizierung des Fahrantriebes einer selbstfahrenden Erntemaschine ist dabei ein weiterer Schritt.

2   Ausgangssituation

In Zusammenarbeit mit den Unternehmen Sensor-Technik Wiedemann GmbH, ROPA Fahrzeug- und Maschinenbau GmbH sowie dem Lehrstuhl Agrarsystemtechnik der Technischen Universität Dresden wurde eine selbstfahrende Zuckerrübenvollerntemaschine mit einem dieselelektrischen Fahrantrieb ausgerüstet. Diese Arbeitsmaschine zeichnet sich durch eine hohe Fahrzeugmasse von mehr als 30 t aus, die im Rodebetrieb durch die Zuladung der geernteten Zuckerrüben auf bis zu 60 t ansteigt. Der Erntebetrieb erfolgt vorwiegend von Herbst bis Winter unter zum Teil sehr schwierigen Bodenverhältnissen. Daraus resultiert ein im Vergleich zu anderen selbstfahrenden Erntemaschinen hoher Leistungsbedarf des Fahrantriebs im Bereich von 100 kW – 300 kW mit einer sehr breiten Verteilung der Betriebspunkte. Die jährliche Erntefläche eines Rübenvollernters liegt in Europa zwischen 600 ha und 1200 ha, mit Erntemengen von etwa 75.000 t pro Jahr. Durchschnittlich liegt der Kraftstoffverbrauch bei 40 bis 50 l/ha, wobei die Kraftstoffkosten circa ein Drittel der gesamten Betriebskosten ausmachen.

3   Konventioneller hydrostatischer Antriebsstrang

Im konventionellen, hydrostatischen Antriebsstrang (Abb. 1) des selbstfahrenden, dreiachsigen Rübenvollernters ROPA euro-Tiger V8-3 ist die Hydraulikfahrpumpe (Abb. 1, Position 9) an ein zentrales Pumpenverteilergetriebe (Abb. 1, Position 8) angeflanscht. Dieses Getriebe befindet sich direkt hinter der Schwungscheibe (Abb. 1, Position 7) des Dieselmotors und treibt weitere zwölf Hydraulikpumpen für die Arbeitsantriebe an. Die Hydraulikpumpe für den Fahrantrieb ist eine Verstellpumpe in Schrägscheibenbauart mit einer Nennleistung von P = 343 kW. Die hydraulische Leistung wird von zwei Hydromotoren in Schrägachsenbauweise aufgenommen, wobei jeweils ein Motor als Konstant- (Abb. 1, Position 1) und ein Motor als Verstelleinheit (Abb. 1, Position 2) ausgeführt ist. Der Rübenvollernter verfügt über einen Zentralantrieb mit Allradantrieb, sodass die beiden Motoren direkt an einem Schaltgetriebe (Abb. 1, Position 3) sitzen. Dieses Getriebe verfügt über zwei Schaltstufen. Im ersten Gang sind Geschwindigkeiten von 0 - 14 km/h, im zweiten Gang von 0 - 20 km/h, optional bis 25 km/h möglich.

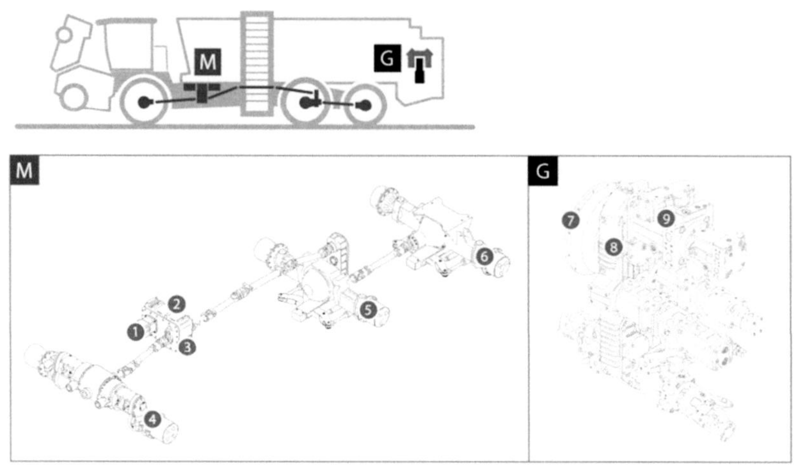

Abb. 1: konventioneller Antriebsstrang [3]

Von dem Schaltgetriebe führt eine Gelenkwelle zur Vorderachse (Abb. 1, Position 4) und eine Gelenkwelle zu den zwei Hinterachsen. Die Vorderachse ist als Portalachse mit einem zentralen Differentialgetriebe, sowie Planetengetrieben als Endantrieb ausgeführt. Die erste Hinterachse (Abb. 1, Position 5) verfügt ebenfalls über ein Differentialgetriebe, Planetengetriebe als Endantriebe. In die zweite Hinterachse (Abb. 1, Position 6) ist wie in die Vorderachse und die erste Hinterachse ein Differentialgetriebe, ein Planetengetriebe als Endantrieb integriert und diese Achse verfügt über eine Achslastregelung Alle Räder sind achsschenkelgelenkt und zusätzlich ist zwischen Vorder- und erster Hinterachse eine Knicklenkung implementiert [3].

4   Ermittlung von Lastkollektiven

Für die Umrüstung des hydrostatischen Fahrantriebes auf einen dieselelektrischen Fahrantrieb wurde der Ist-Zustand erfasst. Dafür wurden auf zwei Maschinen während der Rübenernte 2010 insgesamt etwa 200 h Ernte- und Straßenbetrieb aufgezeichnet. Dabei waren im Antriebsstrang Druck und Volumenstrom sowie Drehzahlen und Schluckvolumina relevante Parameter, woraus Antriebsleistungen berechnet werden konnten. Die Messdaten wurden ausgewertet und über Klassenhäufigkeits- und Verweildauerverteilungen Lastkollektive entsprechend formuliert. Es zeigte sich, dass die Geschwindigkeit während des Rodens bei 6 bis 8 km/h liegt.

5 Alternativer elektrischer Fahrantrieb

Bei dem elektrischen Fahrantrieb wurde das Antriebskonzept des Zentralantriebes beibehalten. Die Hydropumpe wurde durch zwei Generatoren mit einer Nennleistung von jeweils $P = 140$ kW bei einer Drehzahl von $n = 3000$ min-1 ersetzt. Um die Eingangsdrehzahl der Generatoren in den benötigten Leistungsbereich und in einen günstigen Wirkungsgradbereich der Generatoren zu legen, wurde ein Anpassungsgetriebe implementiert, welches an das Pumpenverteilergetriebe angeflanscht ist. Die Hydromotoren wurden ebenfalls durch zwei Elektromotoren mit einer Nennleistung von jeweils $P = 140$ kW bei einer Drehzahl von $n = 3000$ min-1 ersetzt [4]. Auch hier befindet sich ein Anpassungsgetriebe zwischen den Motoren und dem Schaltgetriebe, um die Elektromotoren in einem günstigen Drehzahlbereich betreiben zu können. Bei allen elektrischen Maschinen handelt es sich um permanenterregte Synchronmaschinen mit einer Trafoöl-Flüssigkeitskühlung. Die Überlastfähigkeit des elektrischen Antriebes beträgt 30 %. Im Gleichspannungszwischenkreis zwischen den Generatoren und den Elektromotoren befindet sich zudem ein Bremschopper, der die maximale Zwischenkreisspannung limitiert. Ein zusätzlicher Energiespeicher in Form einer Batterie oder Supercaps existiert nicht. Derzeit beträgt das Massenverhältnis von elektrischem zu hydrostatischem Antrieb inklusive der beiden Anpassungsgetriebe 3,3:1 ohne Berücksichtigung der Kühlung.

6 Ergebnisse aus Simulation und Feldversuchen

Mit Hilfe der gebildeten Lastkollektive erfolgte parallel zum Aufbau des elektrischen Antriebssystems die Simulation des konventionellen hydraulischen und des alternativen elektrischen Fahrantriebes. In den Modellen ist der komplette Antriebsstrang vom Dieselmotor, über die Generatoren und die Elektromotoren (elektrischer Antriebsstrang) bzw. über die Pumpe und Hydromotoren (hydraulischer Antriebsstrang), den mechanischen Zentralantrieb bis hin zum Rad-Boden-Kontakt abgebildet. Die Simulation kann vergleichende Aussagen über die Leistungsfähigkeit, den Wirkungsgrad und den Kraftstoffverbrauch zwischen hydraulischem und elektrischem Fahrantrieb liefern. Die Wirkungsgradsteigerung des Fahrantriebes liegt entsprechend der Simulationsergebnisse im Bereich von 20 - 30 %.

Eine erste Inbetriebnahme der elektrifizierten Maschine mit anschließenden Funktionstests wurde in der Rübenernte 2011 durchgeführt. Dabei wurden alle Fahrfunktionen für den Straßen- und Feldbetrieb überprüft. In den darauffolgenden Zugkraftversuchen im April 2012 wurden elektrisches und hydraulisches Fahrzeug in Zugkraftversuchen miteinander verglichen (Abb. 2).

Abb. 2: Test- und Bremsfahrzeug im Zugkraftversuch

Dazu wurde für die Erfassung der Volllastkurve im Fahrdiagramm die im jeweiligen Gang maximale Fahrgeschwindigkeit angefahren. Das Bremsfahrzeug erhöhte kontinuierlich die Last, bis die Fahrgeschwindigkeit entsprechend der Zugleistungshyperbel bis zum Stillstand fiel. Zur Ermittlung von

Betriebspunkten innerhalb des Kennfeldes wurden im Zugkraftdiagramm gestufte Fahrgeschwindigkeiten eingestellt, was in Bild 3 hell dargestellt ist. Während die Last durch das Bremsfahrzeug kontinuierlich anstieg, fiel die Fahrgeschwindigkeit bei Erreichen der Volllastkennlinie. Dabei wurden bei beiden Maschinen die Parameter Zugkraft, absolute Fahrgeschwindigkeit, Kraftstoffverbrauch und Leistungskennwerte im Fahrantrieb aufgezeichnet, d.h. Drücke, Volumenströme und Temperaturen sowie Ströme und Spannungen. Aus diesen Parametern wurden An- und Abtriebsleistungen berechnet wodurch ein Wirkungsgradkennfeld erstellt werden konnte.

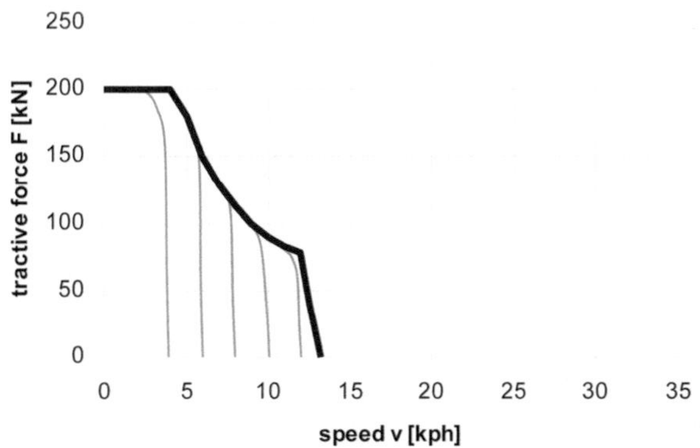

Abb. 3: theoretisches Fahrdiagramm

Aus dem Vergleich der beiden Zugkraftdiagramme (Abb. 4 und Abb. 5) geht hervor, dass die Maschine mit elektrischem Fahrantrieb im ersten Gang bei niedrigen Geschwindigkeiten geringfügig höhere Maximalzugkräfte aufbringen kann und im oberen Geschwindigkeitsbereich des ersten Ganges höhere Fahrgeschwindigkeiten erreicht als die Maschine mit hydrostatischem Fahrantrieb. Hieraus kann geschlussfolgert werden, dass der elektrische Fahrantrieb die gleiche Leistungsfähigkeit besitzt wie der hydraulische Fahrantrieb, d.h. die Leistungsgrenzen der Maschine mit hydraulischem Fahrantrieb können von der Maschine mit elektrischem Fahrantrieb abgebildet und sogar übertroffen werden.

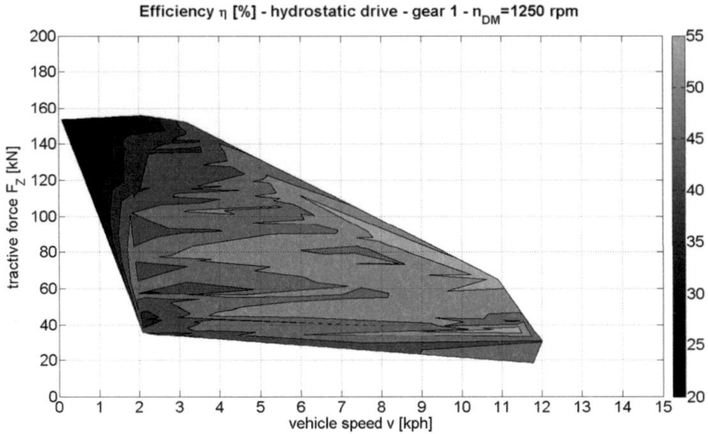

Abb. 4: Zugkraft und Wirkungsgrad des hydraul. Antriebsstranges

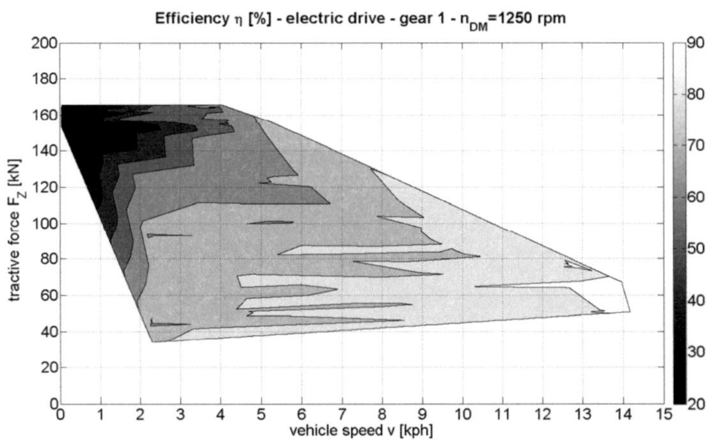

Abb. 5: Zugkraft und Wirkungsgrad des elektr. Antriebsstranges

Wird der Wirkungsgrad als Verhältnis von Zugleistung zu an den Fahrantrieb abgegebener Dieselmotorleistung bei einer für den Rodevorgang repräsentativen Fahrgeschwindigkeit von v = 6 km/h über einen Ladezyklus betrachtet, so ergeben sich Wirkungsgrade von η = 70,5 % für die Maschine mit elektrischem und η = 46,4 % für die Maschine mit hydrostatischem Fahrantrieb, d.h. mit der Umrüstung auf einen dieselelektrischen Fahrantrieb wird der Wirkungsgrad im Hauptarbeitsbereich um etwa 20 % gesteigert. Aufgrund des hohen Zeitanteils dieses Arbeitsbereiches kann eine Kraftstoffersparnis im Bereich von 10 bis 20 % erzielt werden.

7 Zusammenfassung und Ausblick

Auf Basis des Rübenvollernters ROPA euro-Tiger V8-3 wurde eine Maschine mit dieselelektrischem Fahrantrieb ausgerüstet. Mit den ermittelten Lastkollektiven für Feld- und Straßenbetrieb werden beide Maschinen einerseits simulativ als auch im Feldtest miteinander verglichen. Als Grundlage dienen in Matlab/Simulink implementierte Simulationsmodelle. Aufgrund des höheren Wirkungsgrades des elektrischen Systems zeigt sich eine Überlegenheit im Bereich des Kraftstoffverbrauches der Maschinen. Zusätzlich wird ein ökologischer Vorteil durch CO_2-Einsparung generiert, dessen Stellenwert an Bedeutung gewinnen wird. Die im Betrieb auftretenden Lastspitzen und deren Häufigkeit konnten mit den Messungen von Lastkollektiven gut detektiert werden. Wird die maximal benötigte Leistung als auch deren Zeitanteil bestimmt, könnte das momentan serielle System mithilfe eines Energiespeichers zu einem Hybridsystem erweitert werden. Deckt der Speicher den Energieinhalt der Lastspitzen ab, muss vom Dieselmotor nur noch eine Grundversorgung gewährleistet werden (Phlegmatisierung), wodurch die Last für den Dieselmotor geglättet wird [5]. Wird die Größe des Dieselmotors so gewählt, dass die Grundversorgung unter Volllast bereitgestellt wird, kann dieser kleiner dimensioniert werden (Downsizing).

Literaturverzeichnis

[1] Aumer, W.: Entwicklung alternativer Antriebe für mobile Landmaschinen.
     ATZ offhighway, Springer Automotive Media, Wiesbaden 10/2009

[2]   Herlitzius, Th.: Potenzial and Challenges evolving from Hybridization of mobile Machines shown on Examples of agricultural Machines and Implements. Vortrag, Seminar MobilTron 2010, Mannheim 13./14. Oktober 2010

[3]   Ropa Fahrzeug- und Maschinenbau GmbH: Betriebsanleitung euro-Tiger V8-3 ab 2006 Ausgabe 3, Ropa, Firmenunterlagen, 2006

[4]   Sensor-Technik Wiedemann GmbH: powerMELA-C PSM-E-Maschine. STW, Datenblatt, 10/2011

[5]   Geimer, M.: Hybrid Drives in Mobile Working Machines – What is the benefit and how are they comparable. Vortrag, Seminar MobilTron 2011, Mannheim 28./29. September 2011

Energieübertragungs- und Speicherlösungen für Hydraulikbagger

Simulation als wesentliches Werkzeug bei der Systemauslegung

Thomas Landmann, Dr. Claus Holländer, Dr. Ralf Späth

Liebherr-France SAS, 2 Avenue Joseph-Rey – B.P. 90287
FR-68005 Colmar Cedex, E-Mail: thomas.landmann@liebherr.com

Kurzfassung

In allen Bereichen der Technik gibt es massive Anstrengungen zur Verringerung des Energieverbrauchs. Nach einem Überblick zu möglichen Ansätzen konzentriert sich der Beitrag auf Energierückgewinnungssysteme. Es werden allgemeine Grundlagen bei der Gestaltung derartiger Systeme aufgezeigt. Für eine wirtschaftliche Auslegung sind neben der richtigen Wahl der Energiespeicher, der Anzahl der Energiewandlungen auch die Leistungsfähigkeit der Generatoren/Aktuatoren relevant. Nach einer Auflistung von Grundregeln für die Gestaltung von Hybridsystemen werden zwei konkrete Lösungsansätze für einen Hydraulikbagger vorgestellt. Anschließend wird die erhebliche Rolle der Simulation bei der Systemauslegung erläutert: zuerst bei der Auslegung eines Antriebsstrangs, dann bei der Entwicklung von Regelungskonzepten.

Stichworte

Hydraulikbagger, Energierückgewinnung, Hybrid, Simulation

1 Einleitung

Steigende Energiekosten sowie eine wachsende Bedeutung des Nachhaltigkeitsgedankens führen in allen Bereichen der Technik zu neuen Ansätzen für die Verringerung des Energieverbrauchs.

Aufgrund des gegebenen Rahmens soll im vorliegenden Beitrag auf Energie-rückgewinnungssysteme für die Anwendung im Hydraulikbagger eingegangen werden.

2 Anforderungen

Hydraulikbagger werden aufgrund ihrer Vielseitigkeit in verschiedensten Anwendungen eingesetzt. Diese erstrecken sich vom klassischen Tiefbau, über Gewinnung, Materialumschlag, Abbruch bis hin zu Lasthebearbeiten, um nur einige Beispiele zu nennen.

Ziel ist es daher, Rekuperationssysteme zu finden, die an die Arbeitszyklen der Maschine für verschiedene Einsätze angepasst sind und deren Investitionskosten binnen akzeptabler Zeit durch einen Minderverbrauch kompensiert werden. Aufgrund des breiten Einsatzspektrums von Hydraulikbaggern können sich die Lösungen je nach Anwendung unterscheiden.

Im Weiteren sollen daher Systeme betrachtet werden, die für den breiten Einsatz, besonders aber für den Arbeitsprozess „Graben" geeignet sind. Der typische Grab- und Ladeprozess des Hydraulikbaggers ist durch folgende Zyklen geprägt (siehe Abb. 1):

- Graben: Lösen und Aufnehmen des Guts durch Bewegung von Stiel und Löffel

- Heben der Ausrüstung mit gefülltem Löffel, sowie Schwenken des Oberwagens zur Abladeposition (gleichzeitig)

- Leeren des Löffels

- Schwenken/Senken zurück zur Grabposition

Der genannte zyklische Prozess wird bei Baggern ca. 3 bis 5 Mal je Minute durchfahren. Höheren Energieinhalt haben hierbei die Bewegungen Heben/Senken der Ausrüstung (potenzielle Energie) sowie Schwenken des Oberwagens (kinetische Energie). Gelingt es, bei diesen Bewegungen die genannten Energien in speicherbare Formen zu wandeln und anschließend wieder nutzbar zu machen, sind Verbrauchsminderungen und/oder Prozessleistungserhöhungen möglich. Heute werden die genannten Energien üblicherweise durch Erwärmung des Hydrauliköls dissipiert.

Abb. 1: Liebherr-Raupenbagger im Einsatz.
„Heben der Ausrüstung sowie Schwenken des Oberwagens"

3 Technische Grundlagen

Die Übertragung der Dieselmotorleistung auf die einzelnen Aktoren erfolgt bei Hydraulikbaggern ausschließlich hydraulisch. Für die Bewegungssteuerung der Arbeitsausrüstung sind heute verschiedenste Systeme am Markt: Vollstrom, Positiv- oder Negativ-Control sowie Load-Sensing. Bei allen diesen Systemen erfolgt die Steuerung über eine Drosselung des Volumenstroms – auch wenn die jeweiligen Pumpenvolumenströme je nach System besser oder schlechter angepasst sind. Beim Senken der Arbeitsausrüstung wird deren potenzielle Energie durch Drosselung in Wärme gewandelt. Ziel muss es daher sein, die potenzielle Energie auf andere Weise als zur Wärmeerzeugung zu wandeln.

Beim Drehwerk des Oberwagens gibt es bereits heute Systeme, die eine Rückwandlung der kinetischen Energie erlauben (Drehwerk im geschlossenen Kreis). Allein bei typischen Arbeitszyklen ist der Energiebedarf anderer Verbraucher zu eben diesen Zeitpunkten sehr gering. Ohne eine Speicherung der Energie wird damit das Regenerationspotenzial nicht genutzt.

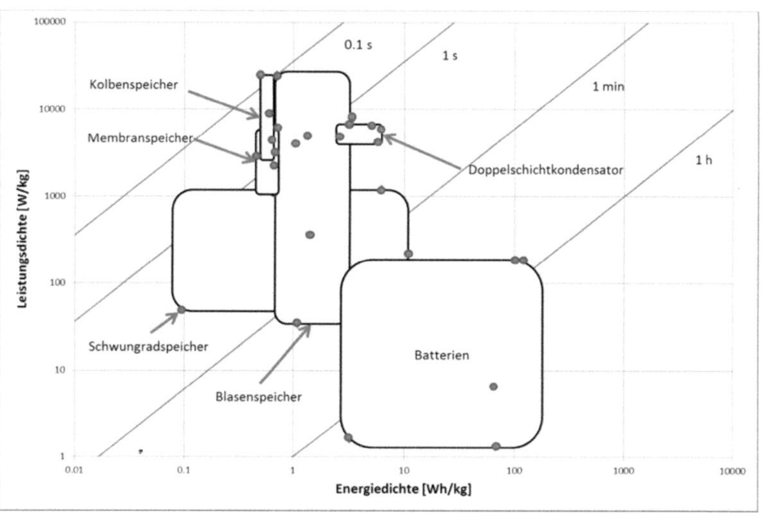

Abb. 2: Ragone-Plot aktueller Speicher mit eingetragenen Isochronen (Linien gleicher Zyklusdauer) → wesentliche Kenngröße für die Auswahl der Speicher

Der Auswahl der richtigen Speicher kommt eine besondere Bedeutung zu. Üblicherweise werden die Kenngrößen Leistungsdichte und Energiedichte der Speicher in einem sogenannten Ragone-Plot aufgetragen (Abb. 2). Wesentliche Kenngröße bei der Auslegung ist die Zykluszeit des Prozesses, dessen Energie gespeichert werden soll. Diese Zykluszeit ist in einem Ragone-Plot am besten über sogenannte Isochronen darzustellen. Diese Linien gleicher Zykluszeit zeigen anschaulich und übersichtlich, welche Speicher für welche Zyklus-Anforderungen besonderes geeignet sind.

Das anhand von Katalogdaten aktualisierte Ragone-Plot [1] wurde im Abb. 2 mit Isochronen ergänzt. Im vorliegenden Beispiel des Hydraulikbaggers mit Teilzyklusdauern von wenigen Sekunden ist sofort ersichtlich, dass Batterien zur Speichrung der im Zyklus umgesetzten Energien nicht geeignet sind, Hydrospeicher und Kondensatoren dagegen sehr wohl.

Neben der Speicherung haben Art und Umfang der Energiewandlungen einen großen Einfluss: Müssen die anfallenden Energien vor der Speicherung mehrfach umgewandelt werden, so kann dies zu erheblichen Verlusten führen. Bei Hybridantrieben wird jede Wandlung von Speicherenergie zweimal vorgenommen: einmal auf dem Weg zum Speicher, einmal auf dem Weg vom Speicher zurück zum Aktuator. Für geringe Verluste muss die Anzahl der Wandlungen so gering wie möglich sein (siehe [2]).

Es lassen sich folgende Grundregeln für die Gestaltung von Hybridsystemen zusammenfassen:

- Hybridisierung ist nur bei zyklischen Prozessen sinnvoll
- Zentrales Kriterium der Speicherauswahl ist neben der Energie- und Leistungsdichte die Zykluszeit
- So wenig Energiewandlungen wie möglich
- Energiewandlungen mit möglichst hohen Wirkungsgraden

4 Lösungsansätze für Hydraulikbagger

Unter Berücksichtigung der angeführten Vorüberlegungen wurden zwei Ansätze erarbeitet, die im Folgenden vorgestellt werden sollen (siehe hierzu auch [3]). Abb. 3 zeigt das vereinfachte Schema eines hydraulischen Hybridsystems für einen Bagger. Für den Antrieb der Hubzylinder ist bei der Energierückgewinnung kein Steuerschieber vorgesehen. Die beiden Hydraulikeinheiten sind im Fördervolumen verstellbar. Diese beiden Einheiten des Hubkreises stellen hydraulische Transformatoren da, die die nötige Druckübersetzung vom Hubzylinderdruck zum Speicherdruck möglichst verlustfrei durchführen. Durch diese Lösung kann die Senkgeschwindigkeit durch den Baggerfahrer gleich wie bei Baggern ohne Rückgewinnung gesteuert werden. Die Auslegung ist so zu gestalten, dass die maximale gewünschte Senkgeschwindigkeit erreicht wird. Bei der Senkbewegung wird der Speicher geladen und beim Heben unterstützt der Speicher den Dieselmotor. Zusätzlich kann Energie vom Dieselmotor oder der Einheit des Drehwerkskreises zugeführt werden. Die Hubgeschwindigkeit ist nicht begrenzt von der installierten Motorleistung, sondern durch die Summenleistung Speicher und Dieselmotor.

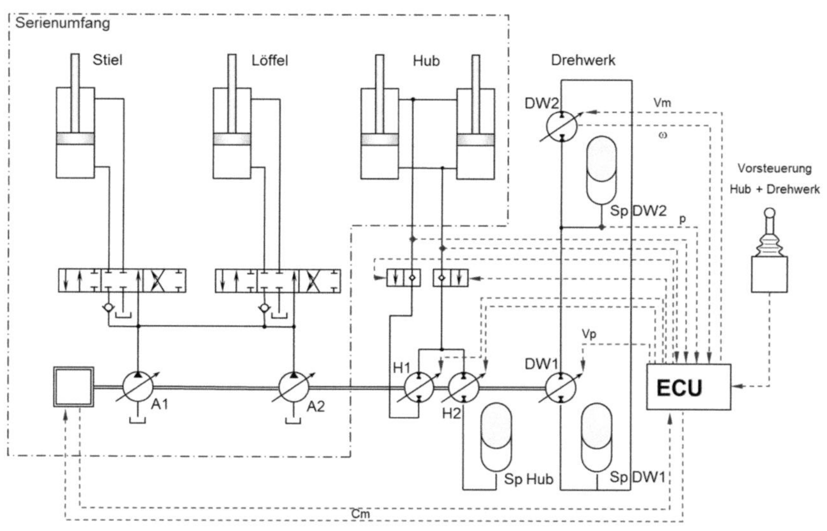

Abb. 3: Prinzipschema hydraulischer Hybrid

Der Drehwerkskreislauf ist mit Sekundärregelung ausgeführt. In sekundärgeregelten hydrostatischen Antrieben werden verstellbare Motoren am Netz mit eingeprägtem Systemdruck eingesetzt. Die Kopplung zwischen der Primäreinheit, die am Dieselmotor angeordnet ist, und der Sekundäreinheit, die die Beschleunigung und Abbremsung des Oberwagens durchführt, erfolgt nur über den Systemdruck der Verdrängereinheit und nicht über den Förderstrom. Die Beeinflussung von Drehmoment, Drehzahl und Leistung wird durch die

Schluckvolumenveränderungen der Sekundäreinheit auf dem Drehwerksgetriebe ausgeführt. Beim Bremsen wird die Umkehr der Wirkrichtung des Drehmoments durch Verstellen dieser Einheit über die Nulllage erreicht. Durch diesen Betrieb wird die Bremsenergie zurückgewonnen und der Druckspeicher geladen.

Der Energiespeicher des Drehwerks kann vom Dieselmotor in Zyklusphasen, die nicht die maximale Dieselmotorleistung erfordern, geladen werden.

Abb. 4 zeigt eine Ausführungsvariante mit einer elektrischen Lösung des Drehwerkantriebs. Die Hydraulikeinheiten im Drehwerkskreis sind durch Elektroeinheiten, die als Generator oder Motor arbeiten können, ersetzt. Der elektrische Speicher in Form von Utracaps nimmt die Energie der E-Einheit am Dieselmotor oder von der E-Einheit am Drehwerk bei der Rückgewinnung auf. Die E-Einheit am Dieselmotor kann in bestimmen Betriebszuständen dem Hubwerkskreis zusätzliche Leistung liefern.

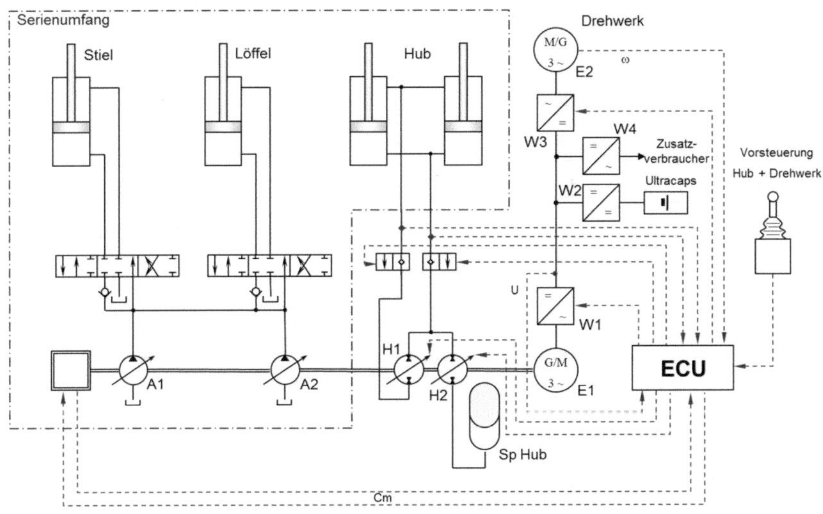

Abb. 4: Prinzipschema elektro-hydraulischer Hybrid

5   Auslegung anhand von Simulationen

Die Auslegung der wesentlichen Bauteile dieses Baggers erfolgte anhand Simulation. Als erster Schritt wurde ein Modell des Geräts aufgebaut um die Energieflüsse zu untersuchen. Dieses Modell besteht aus zwei Teilen: Mehrkörpersystem (siehe Abb. 5) und Antriebsstrang. Während dieser Auslegungsphase wurden zwei unterschiedliche Werkzeuge in Co-Simulation benutzt. Ein Kommunikationsintervall von einigen Millisekunden hat sich als praktikabel erwiesen.

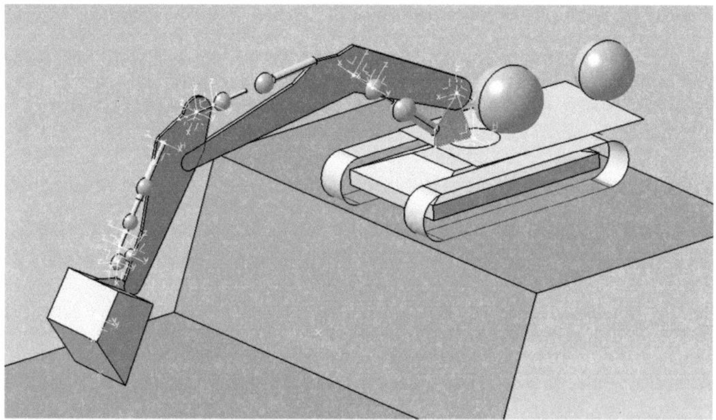

Abb. 5: Mehrkörpersystem am Anfang des Projekts.

Der Antriebsstrang wurde mit der Annahme einer konstanten Motordrehzahl berechnet. Auch bei Lastsprüngen bricht dank der Hilfe des elektrischen Motors die Dieseldrehzahl nicht ein. Die wichtigen Merkmale der Komponenten (z. B. Wirkungsgrad, maximales Moment in Abhängigkeit der Drehzahl...) wurden anhand von Kennfeldern beschrieben. Das dynamische Verhalten der verschiedenen Komponenten wurde vernachlässigt (siehe Abb. 6).

Ziel war es unterschiedliche Arbeitszyklen durchzuführen, um die optimale Speichergröße zu bestimmen. Anhand der vorstehenden Grundregeln wurde versucht, die Lageenergie der Ausrüstung so direkt wie möglich zu speichern: d.h. der hydraulische Kolbenspeicher speichert den größten Anteil der Energie. Dies erlaubt die Anzahl der Energiewandlungen einzuschränken und erhöht die Effizienz des Systems. Der Drehwerkspeicher wurde so ausgelegt, dass die maximale Drehwerkdrehzahl mit vollem Moment erreicht werden kann.

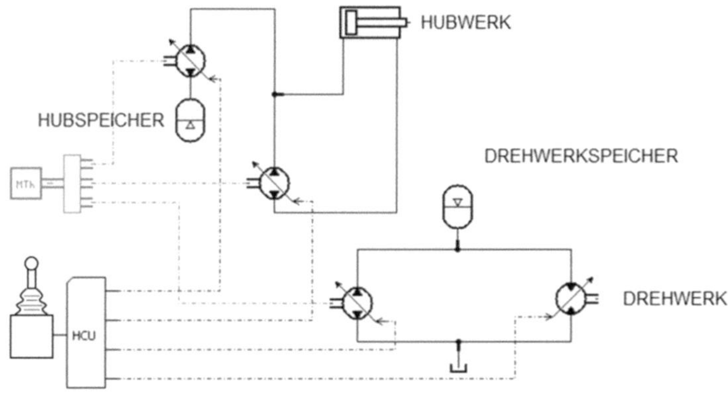

Abb. 6: Vereinfachter Antriebsstrang für die energetische Untersuchung.

Die unterschiedlichen Simulationen haben bewiesen, dass die Rückgewinnung von der Lage- und Bremsenergie ein Downsizing des Dieselmotors ermöglicht. Trotz einer geringeren Motorleistung (ca. -20%) wird der Hybridbagger während der Phase Drehen/Heben 50% mehr Leistung als der Serienbagger zur Verfügung stellen.

Das Abb. 7 zeigt z.B. wie die beiden Speicher bei der Phase Heben/Schwenken den Dieselmotor unterstützen. Eine negative Leistung im Abb. 7 entspricht eine Energieabgabe.

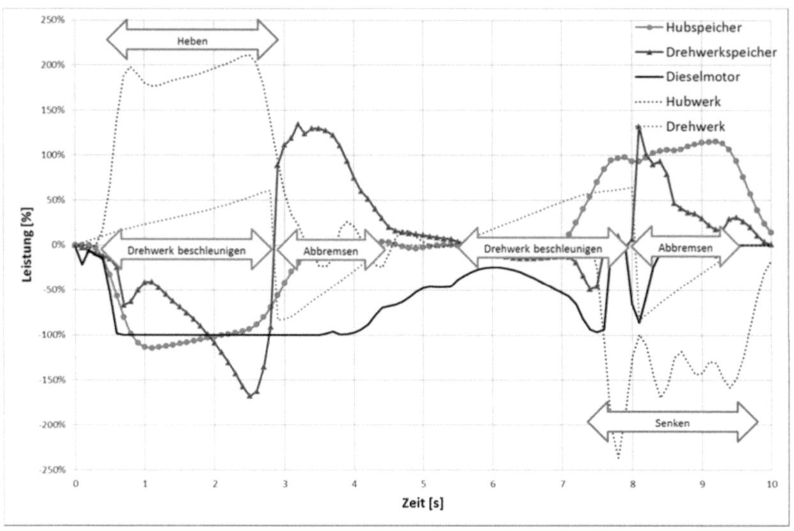

Abb. 7: Leistungsflüsse bei einem 90° Ladezyklus ohne Löffel füllen.

Aus diesen Untersuchungen wurden Lastkollektive für die elektrischen Teile eines 40-t-Baggers aufgebaut. Die passenden E-Einheiten, Spannungswandler und E-Speicher wurden für einen Versuchsträger entwickelt.

Nach dieser Auslegungsphase wurde das „Hybrid Control Unit HCU" entwickelt. Ziel war es sicherzustellen, dass die Steuerbarkeit und das Ansprechverhalten dieses Baggers dem Liebherr Standard entspricht. Im Gegensatz zur energetischen Untersuchung muss bei der Auslegung des HCU das dynamisches Verhalten der unterschiedlichen Komponenten (z. B. Pumpenstellzeiten, Schaltdynamik der Spannungswandler...) berücksichtigt werden. Deshalb wurde ein zusätzliches Modell in diesem Sinne aufgebaut.

Die Reaktivität der Energieübertragung wurde bei der Hebebewegung der Ausrüstung getestet. Die beiden Hubwerkeinheiten wurden mit ihrem kompletten Verstellsystem modelliert. Das Dieselmotorverhalten wird durch eine verifizierte Übertragungsfunktion beschrieben. Die gespeicherte Energie ermöglicht eine Boostfunktion bei extremer Leistungsanforderung. Ein

Drehzahleinbruch kann beim Hybridbagger mit der passenden Regelung verhindert werden (siehe Abb. 8).

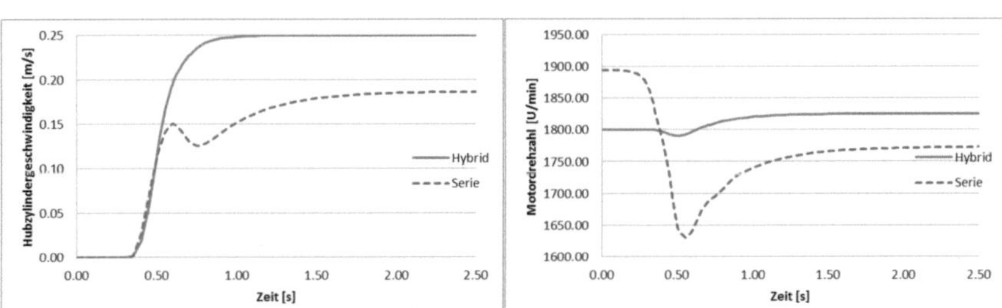

Abb. 8: Boostfunktion beim Heben.

6   Zusammenfassung

Die vorliegende Energieübertragungs- und Speicherlösungen erreichen eine bedeutende Erhöhung der Effizienz und der Leistung des Hydraulikbaggers. Die Simulation hat ermöglicht die Entwicklung eines 40-t-Versuchsträgers komplett durchzuführen. Sowohl die Auslegung der Komponenten als auch die Programmierung der „Hybrid Control Unit" wurden mit der Hilfe von Simulationswerkzeugen durchgeführt.

Dieser Vortrag wurde kurzfristig in Tagungsprogramm aufgenommen, er lehnt sich an eine Veröffentlichung auf der 5. Fachtagung Baumaschinentechnik in Dresden [2] an.

Literaturverzeichnis

[1]   P. Thiebes: Hybridantriebe für mobile Arbeitsmaschinen. Dissertation am Karlsruher Institut für Technologie (KIT) 2011. Karlsruher Schriftenreihe Fahrzeugsystemtechnik Band 10. KIT Scientific Publishing, Karlsruhe: 2012.

[2]   Dr. R. Späth, D. Boehm , T. Landmann: Energierückgewinnungskonzepte bei Hydraulikbaggern. 5. Fachtagung Baumaschinentechnik in Dresden: 2012

[3]   D. Boehm, Dr. C. Holländer, T. Landmann: Hybrid-Antriebe bei Raupenbaggern – Konzepte und Lösungen. Vortrag 3. Fachtagung Hybridantriebe für mobile Arbeitsmaschinen. 17. Februar 2011, Karlsruhe

Karlsruher Schriftenreihe Fahrzeugsystemtechnik
(ISSN 1869-6058)

Herausgeber: FAST Institut für Fahrzeugsystemtechnik

**Die Bände sind unter www.ksp.kit.edu als PDF frei verfügbar
oder als Druckausgabe bestellbar.**

Band 1   Urs Wiesel
**Hybrides Lenksystem zur Kraftstoffeinsparung im schweren
Nutzfahrzeug.** 2010
ISBN 978-3-86644-456-0

Band 2   Andreas Huber
**Ermittlung von prozessabhängigen Lastkollektiven eines
hydrostatischen Fahrantriebsstrangs am Beispiel eines
Teleskopladers.** 2010
ISBN 978-3-86644-564-2

Band 3   Maurice Bliesener
**Optimierung der Betriebsführung mobiler Arbeitsmaschinen.
Ansatz für ein Gesamtmaschinenmanagement.** 2010
ISBN 978-3-86644-536-9

Band 4   Manuel Boog
**Steigerung der Verfügbarkeit mobiler Arbeitsmaschinen
durch Betriebslasterfassung und Fehleridentifikation an
hydrostatischen Verdrängereinheiten.** 2011
ISBN 978-3-86644-600-7

Band 5   Christian Kraft
**Gezielte Variation und Analyse des Fahrverhaltens von
Kraftfahrzeugen mittels elektrischer Linearaktuatoren
im Fahrwerksbereich.** 2011
ISBN 978-3-86644-607-6

Band 6   Lars Völker
**Untersuchung des Kommunikationsintervalls bei der
gekoppelten Simulation.** 2011
ISBN 978-3-86644-611-3

Band 7   3. Fachtagung
**Hybridantriebe für mobile Arbeitsmaschinen.
17. Februar 2011, Karlsruhe.** 2011
ISBN 978-3-86644-599-4